JN117026

【医療監修】

■菅谷明子
明生会東葉クリニック エアポート院長
日本救急医学会救急科専門医
産業医ディプロマ取得
日本医師会認定産業医
予備自衛官（2等陸佐医官）

■横場正典
北里大学医療衛生学部教授
日本呼吸器学会指導医
日本医師会認定産業医
予備自衛官(2等陸佐医官)

■玉城佑一郎
医学博士
厚生労働省医系技官／
　国立療養所沖縄愛楽園内科
日本救急医学会救急科専門医
日本内科学会認定内科医
DMAT(災害派遣医療チーム)隊員

■嘉数朗
かかずハートクリニック院長
日本内科学会認定内科医
日本循環器学会循環器専門医
那覇市医師会理事
沖縄県医師会地域包括ケア
　推進委員会委員

■藤田千春
正看護師
予備自衛官(1等陸尉看護官)

【取材・資料協力】
株式会社ナファ生活研究所
株式会社レイシス
有限会社トランパーズ

まえがき

■深刻化する安全保障環境と国内治安

日本人の危機意識を揺るがす出来事が続いている。

2022年2月24日に始まったロシアによるウクライナ侵攻はもちろん、中国による台湾有事の危険性や、北朝鮮が発射実験を繰り返す弾道ミサイルの脅威など、国際情勢の変化がその要因の第一だ。ロシア・中国・北朝鮮（自衛隊では「露華鮮（ろかせん）」と呼ぶこともある）という戦術核兵器を実際に使用するおそれのある核保有国3カ国に囲まれ、北にも南にも戦争の火種を抱えた日本は、世界安全保障の最前線だ。

軍事行動と非軍事行動の割合は1対4と言われるとおり、攻め込む前の準備に4倍の手間暇をかけるものだ。敵国軍隊の武力による攻撃を受ける前に、日常生活の身近なところで凶悪犯罪やテロが頻発し、国民の不安が高まり、政府への国民による不安が煽られて分断されたところに、侵攻が始まる。2014年のロシアによるクリミア侵攻がまさにその典型で、実際に敵の姿が見えた段階で、すでに負けが決まっているのが現代の戦争だ。

日常の生活の周囲でこれまでにないような銃や爆弾を用いた凶悪犯罪、白昼の強盗事件などが起きるようになったら、それは防犯だけでなく防衛上の脅威として、初期の段階で抑えなければならない。たとえそれが単独犯によるものだとしても、その事件による恐怖に乗じた模倣犯罪を頻発させるなどして、日本への侵攻を図る勢力が利用する可能性を考慮しなければならない。

身近な危機と危険は、近い将来の防衛上の脅威へと発展していくおそれがあり、日本国民は国防について自分自身に起こりうることとして自覚し、対策に向けて行動しなければならないのだ。

そう考えると、国外の安全保障上の脅威のみならず、国内での一連の事件にも目を向けざるを得ない。

2022年7月8日に発生した安倍元総理銃撃事件から2023年5月までに、誰でも自由に手に入れられる黒色火薬の推進力・爆発力を悪用した事件が、日本国内で4件

（未遂2件含む）続いている。

銃撃事件から1カ月後の2022年8月8日には東京都港区にあるアメリカ大使館で爆破未遂事件、2023年4月15日、和歌山での岸田総理演説中に爆破物が投下され爆発、その1カ月後の5月15日には沖縄県浦添市のアメリカ総領事館に鉄パイプ爆弾を投げ込もうとした爆破未遂事件が発生した。

安倍元総理銃撃事件から4回続いた事件で用いられたのはいずれも黒色火薬だ。世界で日本だけが、取り扱いが難しい黒色火薬（黒色鉱山火薬）による発破技術により石の切り出しなどを行っている。この技術を応用すれば鉄パイプ爆弾になり、爆発力を調整して片方から物体を発射するようにすれば「銃」になる。

簡単に手に入る材料で爆破事件や、銃撃事件が頻発するようになったのが今の日本の実態なのだが、元総理の銃撃という衝撃的な事件から1年を経た今もまだ、黒色火薬が使用されている玩具花火の購入者管理などは行われていない。

■戦傷医療は自衛隊員の士気に直結する

心配なのは、こうした内外からの脅威に、日本がどこまで対応できるかだ。被害を未然に防ぐことはもちろん大事だが、もし起きてしまった時の対処も同様に重要になる。

仮に北朝鮮のミサイルが核弾頭を載せて日本に着弾したら、日本人はどのように対処しなければならないのか。

自衛隊法第八十二条の三に基づき、2016年8月3日の弾道ミサイル等に対する破壊措置の常時発令状態になって以来、日本は有事にあることを、どれだけの人が知っているだろうか。

日本が直接侵略から自由と独立を守るためには、自衛隊が戦い続けなければならない。そのためには、戦闘に勝つことが必要となり、戦闘中に負傷した隊員の救命と早期勤務復帰のための治療が重要となる。これは士気にも大きく影響する。また、これまでにない化学兵器である第4世代神経剤や、戦術核兵器による中性子線被曝など、専門性の高い治療技術が求められる分野もある。実際にフランスや韓国では医師や看護師に対してこれらの教育を開始している。

１９９５年3月20日に発生した地下鉄サリン事件は、世界でも稀な化学兵器によるテロだった。そのため、当時自衛隊の医官（医師である衛生科幹部）や化学科職種部隊、訓練を受けた普通科部隊などが出動した。この時は宗教団体によるテロだったが、侵攻に先駆けて発生する特殊なテロや事件においても、自衛隊の医療に求められるものは多い。銃創や爆発による創傷をどう救護するのかは、まさに一刻を争う大問題である。

だが、いざという時に自衛隊の医療がどこまで機能を発揮するかは心もとない。第一章で触れる新型コロナウイルス感染拡大の対応にも、自衛隊は医療的支援を行っているが、現場の頑張りに反して、その運営や指揮統制に課題は多かった。

いざという時、つまり有事の医療体制は果たして機能するのか。本書はそうした観点から、自衛隊の医療体制、戦時医療とは何かについて解説するとともに、自衛隊だけではカバーしきれない部分の医療を担う市民意識の重要性にも触れる。

■震災とサリン事件を契機に、自衛隊へ

筆者が自衛官になったきっかけは、１９９５年に発生した阪神・淡路大震災と地下鉄

サリン事件だ。

筆者は大学在学中の当時、テレビ局で報道番組を制作していた。映像制作会社での研修が終わり最初に取材したのが、1月17日に発生した阪神・淡路大震災だった。そこで自衛隊の災害派遣や大規模災害医療の問題点を直接、垣間見ることになる。

続いて3月には、先にも触れた地下鉄サリン事件が発生した。かつて世界が経験したことのない化学テロが日本で起きたことで、将来に備え危機管理について本格的に学ぶべきと考え陸上自衛隊に入隊した。

2等陸士から3曹までは普通科（軍隊で言う歩兵）で対戦車ミサイルが専門だった。3曹時代は師団司令部にて自衛隊の指揮を担うコンピューターネットワークの専門職に就いていた。その間、北海道で銃猟をする機会に、ライフル弾銃創の凄惨さを目の当たりにした。米軍との共同訓練では戦傷病治療の進歩に驚いた。そこで自衛隊の医療の問題に取り組むため、部内選抜により幹部候補生になる際に、職種を衛生科に変更した。

本文で解説する陸上自衛隊衛生官という衛生科の幹部になり、衛生小隊長として赴任したのが岩手の第9戦車大隊だった。テポドンが秋田と岩手の上空を飛び越した時に着任し、離任したのは、２０１１年の東日本大震災の災害派遣中だった。

そして普通科（歩兵）、特科（砲兵）、機甲科（戦車）の総合学校である陸上自衛隊富士学校普通科部にて研究員を務めている間にアメリカに派遣され、緊急事態対処医療の指導員資格を取得した。陸上自衛隊初の第一線救護の専門書を制作し、これを教科書とするため陸上自衛隊衛生学校研究部に異動し、さらにデータブックや戦傷病の治療に関する教科書の編纂に携わった。

戦闘の総合学校である富士学校と、医療の専門学校である衛生学校の両方で研究員を務めた陸自幹部は筆者が唯一である。傷病者が発生する現場から病院治療までの一貫した自衛隊の医療の改革に取り組むには、普通科と衛生科の両方を務めた筆者こそ、果たすべき役割があったことだろう。

しかし、時すでに遅し、自衛隊の医師、看護師の充足率は30％を下回り、すでに医療崩壊が始まっている状態であった。施策を打ち出しても実行できる状態ではなかったのが実情だった。

■危機に備える医療構築の一助に

国土防衛のための医療は、国全体として取り組む必要がある。また、戦死の90％は第一線から病院治療を受ける前に発生しており、この間の救急法が重要であること、その際に何をすればいいかなどについての教育を、世間に広めることが急務でもあった。

そこで２０１５年に陸自を退官し、陸自衛生学校では発行することができなかった第一線救護解説書を一般書籍として発刊、アメリカ派遣時に習得した緊急事態対処医療教育を普及させることになった。そしてジャーナリストとして、フランス、ヨルダン、南アフリカ共和国などで開催される国際防衛展を取材し、最新の動向について発信している。同時に、一般社団法人ＴＡＣＭＥＤＡ協議会を立ち上げ、国際的取り組みのうちアジア圏を担当している。平時の医療体制が破綻した際の医療について総合的に学べる教育を提供している。２０１６年2月には、東洋初の国際標準緊急事態対処医療研修コースを開催した。

また、緊急事態対処医療についての国際会議と教育には陸自による派遣以来、10年間毎年出席し、２０２２年11月にアジア圏で唯一の上級指導員になった。

国土防衛の医療に国全体で取り組むことが求められる現在、自衛隊の医療の現状と進むべき方向性、さらに戦時や有事医療について、多くの国民が「わがこと」として捉え、いざという時に何ができるか、何をすべきかについて、広く知ってもらうことが急務である。

本書でも繰り返し指摘するように、これからの日本は平時医療体制が破綻する危機の増大に、これまで以上に直面することになる。有事医療体制に関する国内外の取り組みについて紹介することで、日本が直面するおそれがある危機に備える医療構築の一助となれば幸甚だ。

2023年7月

照井資規

※TACMEDAホームページ▼

第一章

自衛隊医療の限界を露呈した「コロナワクチン大規模接種」

第二章　ないがしろにされる自衛隊員の命

第三章

核ミサイルが着弾した時、何ができるのか

第四章 日本は「銃撃」「テロ」「災害」に対処できるのか

第五章 ——「市民救護」があなたを救う

終章——世界に貢献できる日本の医療技術

■この書籍は雑誌およびWEB版「医薬経済」（医薬経済社）の連載「平時医療体制の破綻に備える～電光石火こそ最良の有事医療～」（2016～2023年7月）を編集し、大幅加筆したものです。

第一章

自衛隊医療の限界を露呈した「コロナワクチン大規模接種」

■自衛隊中央病院を知っていますか

２０２３年５月、Ｇ７広島サミットの開催を前に、政府はウクライナ支援の一環として治療やリハビリのため負傷したウクライナ兵を自衛隊中央病院で受け入れる意向を明らかにした。

ベトナム戦争時、ピュリッツァー賞を受賞した写真に写った、ナパーム弾により左腕、首、背中全体に熱傷を負った9歳の少女を当時の西ドイツが治療して話題となった。戦傷病者を自国に受け入れて治療することは人道的な援助として象徴的な面がある。すでに、ヨーロッパを中心に20カ国以上が負傷したウクライナ兵を受け入れて治療する支援を行っている。

自衛隊中央病院は防衛大臣が陸上幕僚長を通じて指揮を執る、れっきとした自衛隊の組織であり、ほかに11ある自衛隊地区病院の最終後送病院として重症患者を受け入れることから、「最後の砦」と呼ばれることもある。

有事の際や大規模災害発生時に多くの患者を受け入れるだけでなく、ふだんから一般の患者の診察を受け入れてもいる。とはいえ、あくまでも自衛官の診療や、国際貢献・

大規模災害等に対応することが第一の目的だ。

防衛省・自衛隊が外国の負傷兵を受け入れるのは初めてのことで、ウクライナ政府からの要請に基づくものだ。報道によれば、受け入れるのはウクライナ軍所属の20代の男性兵士2人で、いずれも足切断の重症を負っているという。中央病院には2023年6月から最大2カ月程度入院し、義足を付けてのリハビリ治療を受ける。1人当たりの費用は入院治療費や義足製作費、渡航費などの合計220万円から420万円と見積もられ、原則、日本側が負担することとなっている。

これまでは自衛隊中央病院といっても、隊員や家族以外、よほど近所に住んでいる人でなければ存在を知ることもなかったというのが大半だっただろう。自衛隊と医療が結びつく最大の機会となったのは、東日本大震災だ。

発災時、筆者は岩手駐屯地の第9戦車大隊にて衛生小隊長を離職する直前だった。東日本大震災の発災2日前、2011年3月9日に「3月9日地震」が発災し、岩手駐屯地の部隊は災害派遣の準備に入った。部隊主力は余震に備えて即応態勢を維持していたため、先遣隊は発災後30分で出発できた。

発災から10日経った頃、避難所で初めてとなる陸上自衛隊の衛生科部隊による巡回診療が行われた。ところが被災者の誰も診察を受けようとしない。巡回診療の会場となった旧金沢小学校の体育館に集まった被災者に、自衛隊にも医師や看護師がいることを説明して回り、やっと理解してもらえた。当然ながら自衛隊員は全員が迷彩服を着用しており、「医師」「看護師」というゼッケンにジュネーブ条約で定められた特殊標章である「赤十字腕章」を着用していても、迷彩服と医療職が結びつかなかった、と診察後の被災者から聞いたほどだ。

だが、近年はウクライナ傷病兵受け入れだけでなく、その存在がクローズアップされる出来事がほかにもあった。2020年から始まったコロナウイルスの大流行だ。

2020年の流行開始当初、クルーズ船「ダイヤモンド・プリンセス」号内の旅客の受け入れを自衛隊中央病院が担当、さらに船内の医療支援、生活支援を自衛隊が行ったことで注目された。さらに一般の人が自衛隊と医療について接する機会となったのが、コロナワクチンの自衛隊大規模接種センター・会場だ。

■自衛隊による新型コロナウイルスワクチン大規模接種

２０２１年５月から自衛隊は東京と大阪に「自衛隊大規模接種センター」と「自衛隊大規模接種会場」を開設して大規模接種を行った。名称が異なるのは目的、会場によって編成などが異なるためだ。

「自衛隊大規模接種センター」は２０２１年５月から１９０日間、東京を自衛隊中央病院が、大阪を自衛隊阪神病院が担任し「新型コロナウイルス感染症対策の決め手となるワクチンの接種を促進し、感染拡大防止に寄与すること」を目的に運営した。

自衛隊病院は陸自、海自、空自の共同機関であるから、まさに自衛隊あげての大事業だったことになる。

「自衛隊大規模接種会場」は２０２２年１月から約４００日間、陸上自衛隊が東京を東部方面隊、大阪を西部方面隊が担任し「オミクロン株の感染が急速に拡大する中、地方自治体のワクチン接種に係る取り組みを後押しすること」を目的に運営されることとなった。

感染症は動向を予測し難い。今でこそ新型コロナウイルスの特徴は広く知られるようになり、インフルエンザのような季節性がない、変異を予測しがたい等、感染抑制が困難であると判明している。だが、自衛隊が大規模接種を計画する頃は、感染症の動向がわからなかったため、運営は相当な困難であったことだろう。

兵器として感染症を用いる「生物兵器」の対処は、感染症の蔓延よりも困難で専門性を必要とする。自衛隊は防衛組織であり、悪意を以て感染症を流行させる「生物兵器」に対抗できる専門組織としての機能を備えているはずだ。そのため、未曽有の感染症大流行にも応じられるであろうと期待され、自衛隊の中でも「衛生科」が中心となって大規模接種を行うこととなった。

だが、何事も始めてみると、想定と大きく異なる事態に直面することがあるものだ。防衛組織とは本来、戦術的思考力を用いて判明している事項から起こりうる事態を予測し、緻密な見積もりと幾通りもの計画を立てることで、発生した事態に柔軟に応じる実力組織である。その中でも衛生科は医師と看護師等による組織的な医療活動が可能な日本唯一の専門組織であると期待されたが、自衛隊の有事対応能力、人員不足、計画のずさんさなどが浮き彫りになる結果となったのだ。

図1-1　大規模接種会場図

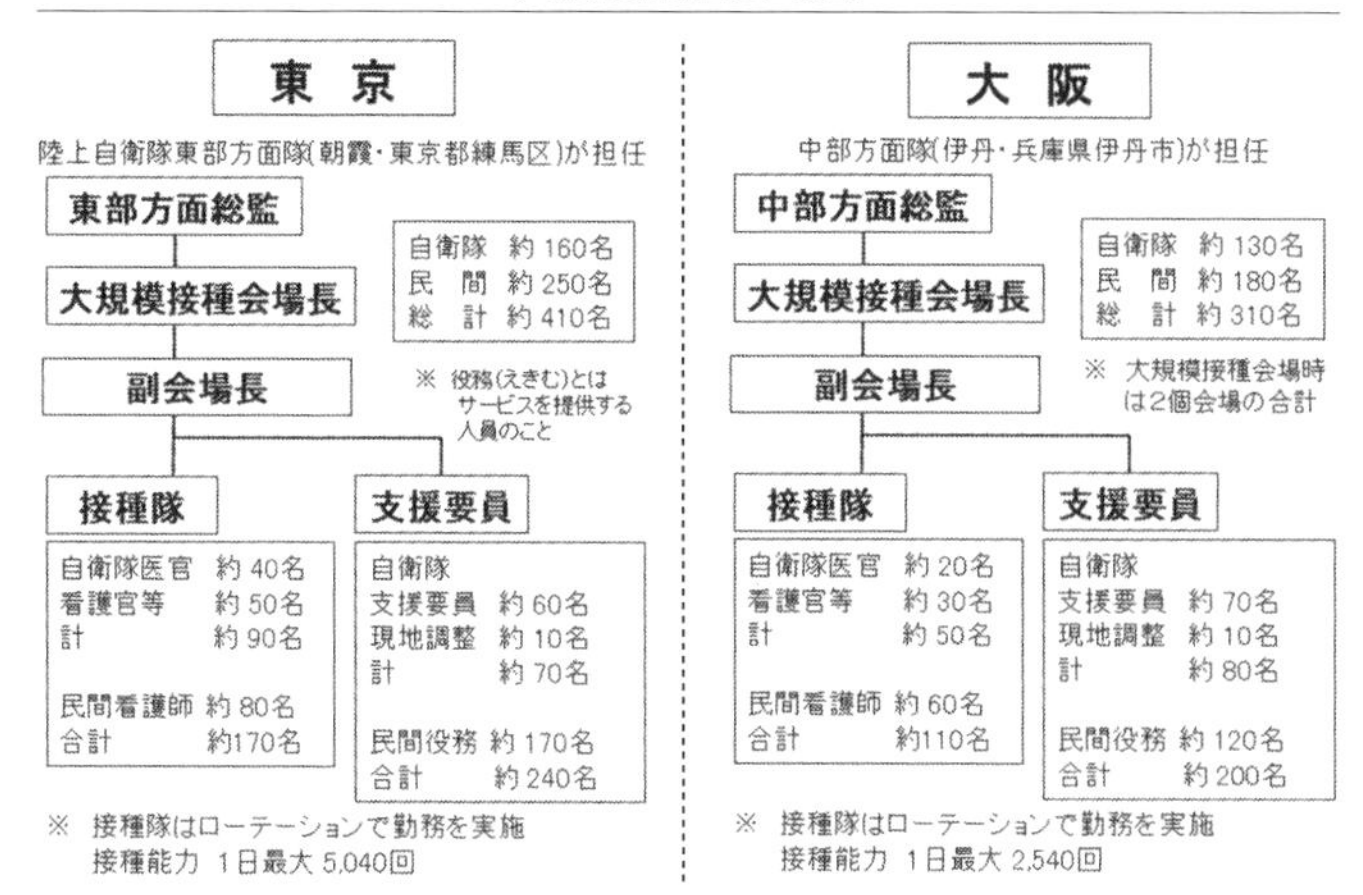

防衛省・自衛隊HP https://www.mod.go.jp/j/approach/defense/covid/index.html
新型コロナウィルス感染症への対応「新型コロナウィルスワクチン自衛隊大規模接種会場の軌跡」、報道などを元に制作

これは自衛隊の医療体制、有事医療の現状、問題を示す重要な事例なので、詳しく説明したい。

■大規模接種で招いた「さらなる人員不足」

図1-1は「自衛隊大規模接種センター」で得た経験を最大限に活かした「自衛隊大規模接種会場」のものだ。人員と組織の構成は「自衛隊大規模接種センター」と大差はない。

自衛隊では一般的に幹部を「官」と呼ぶ、医官とは「主に防衛医大出身で医師免許を有して治療を行える幹部」であり、看護官とは「自衛隊の養成機関出身者で正看護師

図1-2　自衛隊員である医療職と階級区分

制度や階級は2020年3月26日現在

自衛隊区分	任用階級					
	2尉	3尉	1曹	2曹	3曹	2士
陸上自衛隊	医科医師 歯科医師 薬剤師	正看護師		理学療法士・作業療法士／診療放射線技師・臨床検査技師／救急救命士（准看護師資格併有者に限る）／栄養士	准看護師 歯科技工士	衛生科隊員
海上自衛隊	医科医師 歯科医師 薬剤師	正看護師		理学療法士・作業療法士／診療放射線技師・臨床検査技師／救急救命士／視能訓練士／義肢装具士／看護師	歯科技工士 歯科衛生士	衛生科隊員
航空自衛隊	医科医師 歯科医師 薬剤師	正看護師	管理栄養士	理学療法士・作業療法士／診療放射線技師・臨床検査技師／救急救命士／栄養士／臨床工学技士／看護師	第1種衛生管理者 歯科技工士 准看護師	衛生科隊員

診療放射線技師は自衛隊中央病院の付属機関である診療放射線技師養成所にて養成される
技術陸曹・技術海曹の採用等の基準に関する達等を基に制作

免許を有し、診療の介助と療養の世話を行う幹部自衛官」のことだ。

当初の計画に比して人員不足が深刻だったのが看護官であり、200名必要なところ動員可能な人数が決定的に不足していた。陸上自衛隊には約2000名の准看護師もいる。准看護師とは自衛隊札幌病院、仙台病院、阪神病院、福岡病院にある養成機関出身者で、

「准看護師免許を有する技術陸曹の陸上自衛官」だ。さらに准看護師免許取得の後、選抜されて1年間、陸上自衛隊衛生学校にて教育を受け、救急救命士の資格をも取得した隊員が、約600名いる。

しかし、接種会場で動員できたのは、准看護師と救急救命士を集めた看護官等の80名だった。看護師の不足分は140名を民間から動員することになり、ワクチン接種に係る各種業務（会場設置・受付・誘導・案内等）を民間業者に委託し協力しながら、官民一体で運営を実施する体制となった。

ワクチン接種は医師・看護師による「接種隊」が行い、東京では1日5000人、大阪では2500人分の接種業務を円滑に、かつ感染拡大を予防しながら行うため、本部と支援組織が編成された。自衛隊では部外からサービスを受けることを「役務」、労働力の提供を受けることを「労務」と言う。自衛隊の支援要員とは、受付や案内などを行う民間の役務要員と一緒に接種会場を運営する人員だ。この人員は衛生科職種である必要はなく、全国から全職種にわたり動員がかけられた。

大規模接種を行うには組織力が必要で、そのために本部機能を設けることができるのが自衛隊の強みだ。自衛隊単独で行動する場合は「指揮と統制（command & control)」により部隊を運用できるが、ワクチン大規模接種は自衛隊以外との共同で行うため「調整＝（coordination)」が必要となる。

調整役はＬＯ（liaison officer）と呼ばれる幹部自衛官が行う。医師、看護師の専門では民間看護師の責任者とは看護官がＬＯとなるなどして業務調整を行う。必要な医薬品の調達や管理は薬剤師である衛生科幹部の「薬剤官」が担任する。

自衛隊には医療行為全般の組織的活動を可能にするための「衛生官」という専門職幹部がおり、民間との業務調整、先述の医療ニーズの予測や見積もり、行動方針や不測事態対処などの計画を立てる。筆者は自衛隊在籍時代、この衛生官だった。これらの総務・人事・情報・運用・補給・部外調整などの専門業務を担当する幹部を総称して「幕僚」と呼び、指揮官である接種会場長、副会場長と事務要員によって本部が運営される。

「自衛隊大規模接種センター」は東京オリンピックを控え、デルタ株の蔓延が危惧されていた時期であり、当初3カ月の運営の予定であったが１９０日間まで延長された。

接種センターの運営に携わる隊員は感染予防のため、医官や看護官のような自衛隊の

図1-3

自衛隊大規模接種センター 担任:自衛隊中央病院及び自衛隊阪神病院		
目　的	新型コロナウイルス感染症対策の決め手となるワクチンの接種を促進し、感染拡大防止に寄与するため	
地　域	東京都	大阪府
ワクチン接種期間	2021年5月24日～11月30日 190日間 当初3ヶ月を延長	
設置場所	大手町合同庁舎3号館 千代田区大手町1-3-3	大阪府立国際会議場 大阪市北区中之島5-3-51
対象地域	東京、神奈川、千葉、埼玉	大阪、京都、兵庫
接種計画	1日10,000回 3ヶ月で延べ90万人	1日5,000回 3ヶ月で延べ45万人
実際の接種能力	1日5,040回 190日間で1,318,138回 1日あたり6,938回 接種能力の138%	1日2,500回 190日間で646,304回 1日あたり3,402回 接種能力の136%
接種対象者	65歳以上の高齢者10月4日以降 全国の16歳以上まで拡大 （対象地域以外でも東京、大阪の勤務者を中心に受け入れる）	
ワクチン	米製薬会社Moderna製	
接種回数	4週間の間を空けて2回の接種	

防衛省・自衛隊 HP https://www.mod.go.jp/j/approach/defense/covid/index.html 新型コロナウイルス感染症への対応
「新型コロナウイルスワクチン 自衛隊大規模接種会場の軌跡」 報道などを元に制作

駐屯地や基地外に居住する幹部でも、駐屯地内での居住が求められ、居住する駐屯地と接種会場とを専用車で往復する毎日であった。こうした行動制限や運営が延期となったことが、後に幾人もの医官が離職することを招いてしまう。大規模接種は自衛官の生活面でも厳しいものだったのだ。

「自衛隊大規模接種会場」では、若年層は重症化するおそれが少ないオミクロン株の時期であり、国民のコロナ疲れも併せてか、1日あたりの接種回数は平均して20％未満となった。

東京の会場は先回と共通だったが、大阪会場は2カ所に分かれることとなり、その分、運営に必要な業務が増えたことだろう。

実際の活動はどうだったのか、防衛省が延べ人数で公表している資料から計算すると、図1-3のようになる。「自衛隊大規模接種センター」のほうは人員不足で、感染拡大を予防しながらの大規模接種を行うには、予想の2〜3倍にもなる支援人員が必要となった。接種業務では看護師も2倍以上が必要となったことがわかる。

「自衛隊大規模接種会場」は接種回数こそ少ないが、支援要員は多く必要とした。感染拡大を予防するには予想以上に人の手を必要とするものだ。さらに現場には、人員が感染してしまうという人手不足を深刻化させる魔物もおり、自衛隊はこの面で大きな問題を抱えていた。

■「隊員には余ったらワクチン接種」……インパール作戦並みの過ち

「私はワクチン未接種のまま大規模接種センターに派遣されます。ワクチンは会場で余ったものを接種する予定です」

２０２１年5月24日に支援要員となる陸上自衛官からの声が、筆者へと寄せられた。

本来であれば、派遣される前にワクチン接種を2回とも完了しておくべきである。ワクチンの効果は1回目、2回目で2倍になるのではない。1回目は、身体の免疫系に新型コロナウイルスを攻撃すべき「異物」として認識させる程度で、特に発症抑制効果がある抗体が作られた2週間後に2回目の接種を行って初めて、効果が数十倍から100倍まで高まることで予防効果を発揮するようになる。

インド型変異株に対してはファイザー製、アストラゼネカ製のワクチン1回目接種の効果は33%であるが、2回目では、それぞれ88%と60%である。60%は季節性インフルエンザワクチンの効果の高いほうと同程度だ。当然ながら報道されるとおり、副反応は2回目のほうが強く出る。これは未知のウイルスに対して、免疫系統が正しく機能している証左そのものである。

ファイザー製ワクチンであれば、37・5度以上の発熱が起きる割合は、1回目は3・3%であるのに対し、2回目が38・4%との報告がなされている。発熱した隊員は大規模接種センターの戦力外となる。派遣中に3人に1人以上の確率で発熱するワクチンを、余剰分で接種する無計画さは、防衛組織の部隊運用とはとても言えたものではない。

２０２１年5月23日、モデルナ製ワクチンが大規模接種センターに勤務する自衛隊員と民間看護師２００名に接種されたが、これは4週間後の2回目接種時に約60名が発熱し、人手不足になるということだ。当然、予測して備えておくべき事態のはずだが、戦力管理はできていなかったと言わざるを得ない。

センターに派遣される前に1回目さえ接種できていない自衛隊員は、大規模接種センターの勤務期間中に1回も接種できないおそれがあり、実際、未接種のまま感染の脅威を身近に感じながら市民を迎え、ワクチン接種を促していたことになる。現場で余ったワクチンを当てにするなど、牛に補給品を運ばせて、現地で食料にしようとして大失敗をしたインパール作戦並みに無謀である。

■果たされていなかった「隊員の健康管理の責」

筆者が所属した陸上自衛隊では、健康管理の責任は個人及び部隊などの長、つまり本人とその指揮官にあると考えられている。陸上自衛隊服務細則１５６条にも「中隊長等は、直接部下の健康管理の責に任ずるものであるから、常に部下の健康状態を把握し、

図1-4　大規模接種センターを運営する自衛隊員の新型コロナウイルスワクチン接種状況

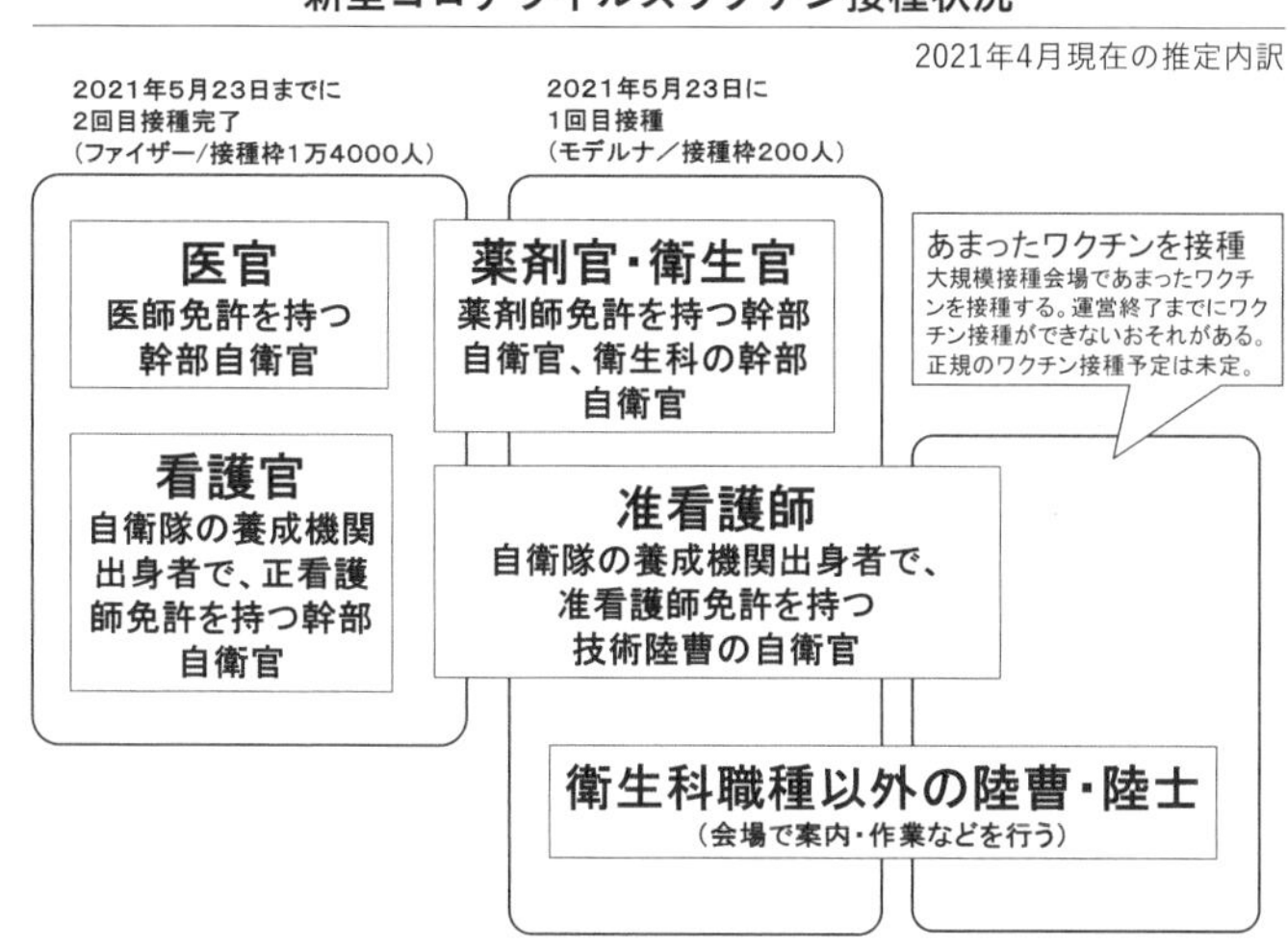

健康管理の施策を適切かつ具体的に実施し、これを監督しなければならない」とある。

だが、不特定多数の人間が出入りするワクチン接種の現場で隊員の接種が後回しにされたとなれば、「適切な施策」が行われたとは言い難い。自衛隊員の健康管理の責任が「個人及び各指揮官」にある以上、大規模接種センター運営開始前日のワクチン接種、ワクチン未接種のまま派遣することは職務放棄でもあった。

図1-4「大規模接種センターを運営する自衛隊員の新型コロナウイルスワクチン接種状況」にあるように、ほとんど

が5月23日までワクチン未接種だ。

自衛隊では医療従事者1万4000人にはファイザー製ワクチンを接種しており、医官、看護官、陸上自衛隊衛生学校職員などは2回目の接種まで完了していた。問題となったのは大多数を占める、地方から派遣されてきたワクチン未接種の隊員である。

現場で余ったワクチンをその都度接種していたのでは、副反応や宿泊している駐屯地でのクラスター発生などで「戦力外」になってしまうおそれがあるにもかかわらず、正規のワクチン接種の予定すら立っていなかったことは看過できない。

厚労省はモデルナ製のワクチンについて、全国の自衛隊員およそ1万人に5月24日から接種を始め、健康調査を行うことを明らかにしたが、これは「自衛官がワクチン未接種」であることを内外に周知させたようなものだ。

国家安全保障の常識では防衛組織から優先してワクチンを接種する。副反応と戦力の調和を保ちながら迅速に行い、防衛上の隙を作らないようにする。不幸は決して単独ではやってこないものである。コロナ禍に大規模自然災害が重なることにも備えなければならないし、複合災害に見舞われた時にこそ敵は攻めてくるものだ。

海外でも軍隊が大規模接種の支援を行っているが、当然、全員がワクチン接種を完了しており安定した人的資源として派遣されている。在日米軍は軍関係者の接種をさっさと済ませ、基地内で勤務する軍属にまで広めた。仮にクラスターが発生し、米軍将兵が動けないとなれば、それはすなわち安全保障上の脅威にもなるからだ。

疫病の大流行の後に混乱と戦争勃発があることは、歴史の恐るべき証明でもある。実際に、コロナ禍中の2022年2月末にロシアによるウクライナ侵攻が勃発した。その東側の最前線は他でもない日本である。「もしも」の時に隊内にクラスターが発生し、多くの隊員がコロナによる〝戦線離脱〟を余儀なくされていたら、と考えると、危機感を覚えざるを得ない。

■「自己完結組織」、自衛隊の医療態勢

ここで自衛隊の階級や、医療職の位置付けについて説明したい。

まず、自衛隊のすべての隊員は幹部、曹、士によって構成されている。

幹部 海外の軍隊では「士官」に相当する。正規の教育を受けたものが総理大臣から

任命され、指揮官、幕僚（専門職としての指揮官の補佐）、副官（指揮官の補佐）、研究者、教育者として勤務する。

曹 海外の軍隊では「下士官」に相当する。職業軍人ではあるものの、士官ではない。自衛隊の中では最も人員が多い。専門職として勤務する。10人程度の少人数の部隊を直接指揮する指揮者でもある。基幹要員と呼ばれることもある。

士 海外の軍隊では「兵」に相当する。2～3年の期限で勤務する「任期制隊員」と、一般曹候補生のように将来、曹になるための要員として任命される「非任期制隊員」がある。本来であれば人員構成として最も人数が多くなければならないが、曹よりも人数は少ない。若年人口減と募集困難が影響している。

医療職として民間と共通のものには、以下がある（制度や階級は2020年3月26日制定時のもの）。

医科医師 全員が幹部であるため「医官」という。防衛医科大学校で養成される。

歯科医師 全員が幹部であるため「歯科医官」という。自衛隊では養成していないので、歯科医師が幹部候補生として採用され、教育修了時に任命される。海外の軍隊や災害医療、事態対処医療では、歯科医師はＤＥＲ（Dental Emergency Responder）として麻酔、口腔外科、外科的気道確保、トリアージなどを担うが、日本ではまだ制度化されていない。

薬剤師 幹部に任命されている者は「薬剤官」という。自衛隊では養成していないので、薬剤師が幹部候補生として採用され、教育修了時に任命される。薬剤師の免許を取得していても幹部候補生教育を修了し幹部に任命されていなければ、薬剤師として勤務することはできない。

正看護師 全員が幹部であるため「看護官」という。自衛隊で正看護師として勤務できるのは自衛隊内で養成された正看護師と、自衛隊では養成していない保健師、または助産師免許保有者から公募により年に数名採用され、自衛隊の看護師としての幹部となる教育を修了した者だけである。

防衛医科大学校病院や医務室の一部で勤務する正看護師も同じく養成によるもので、こちらは防衛省技官であって「看護官」ではない。正看護師については後述するが、出身の養成機関により学位の有無や能力に違いがあり、陸上自衛隊だけでも4種類もあるため複雑である。

一般の病院では看護師免許取得者は契約すれば看護師として勤務できるが、自衛隊の場合は正看護師の免許を取得して入隊しても、看護師として勤務することはできない。衛生科部隊への配置は考慮されるが、一般の「士」と同じ作業員の扱いであり、看護技術を用いた医師の診療の介助はできない。幹部候補生の教育を修了して任命されても、筆者のような「衛生官」であり、衛生運用幹部としての勤務で看護師として働くことはできない。

つまり、自衛隊では「正看護師」といっても、看護師として勤務できる隊員とできない隊員がいるため一括りに「正看護師」とは言えない状況がある。

准看護師 陸上自衛隊では25歳以下の陸士であれば誰でも選抜試験を受けられる。自衛隊札幌病院、仙台病院、阪神病院、福岡病院（女性は、札幌、阪神病院のみ）で養成された者が技術陸曹である「3等陸曹」に昇任して勤務する。教育期間は2年間で年間に各病院25名・合計１００名が養成される。教育修了者の中から20名が選抜されて、陸上自衛隊衛生学校の救急救命士養成課程に進学し、１年間の教育を経て救急救命士となり2等陸曹に昇進する。

海上自衛隊では２士・曹候補生で衛生科職種の隊員から選抜されて、横須賀の養成所にて2年間の教育を受けて准看護師となる。教育修了者の中から選抜されて、横須賀の救急救命士養成課程に進学し、１年間の教育を経て救急救命士となり2等海曹に昇級する。

航空自衛隊では２士・曹候補生で入隊し、概ね3年を経過した衛生科職種の隊員から選抜されて、岐阜の初級衛生課程にて2年間の教育を受けて准看護師となり3等空曹となる。教育修了者の中から選抜されて、救急救命士養成課程に進学し、１年間の教育を経て救急救命士となり、２等空曹に昇級する。

以前は、陸自では技術陸曹、海自と空自では「士」と階級が異なっていた。航行中の船内、飛行中の航空機内では船員法により業務範囲が広い。陸自と海自・空自では階級が異なること、業務範囲も異なる複雑さから、ドイツのような統合医療軍などとても実現できない状態であったが、２０２０年以降は3曹と階級は統一されたようだ。

准看護師免許を取得して、技術曹としての採用以外で自衛隊に入隊しても、自衛隊での養成ではないため、准看護師として勤務できないのは正看護師と同じである。

救急救命士

准看護師から選抜試験を経て陸自・海自・空自それぞれの教育課程で1年間の養成教育を受け、国家試験に合格すると救急救命士として勤務できるようになる。以前の階級は、陸自は「2曹」海自・空自は「士」であったが、2020年以降は2曹に統一された。救急救命士免許を取得して自衛隊に入隊しても、部内での養成ではないため救急救命士として勤務できないのは正看護師と同じである。

自衛隊では准看護師の隊員から救急救命士が養成されるため、2つの免許を取得しているが、その意義があるかは疑問である。

欧米では救急医療に従事するか、手術室に勤務する看護師の経験者から救急救命士が養成されるため、2つの免許を取得しており、救急車に乗っている救急救命士の半分以上が女性だ。業務の範囲も看護師に一部の医療行為が許可されたものであるから、EMT(Emergency Medical Technician)と呼ばれる。日本の救急救命士はELST(Emergency Life Saving Technician)であり、現場から病院到着までの救急車内での業務範囲に限られるため、看護師よりも業務範囲は少ない。現行では病院の中で医師、看護師がいる場合は心臓マッサージもできない。

陸上自衛隊であれば、前線に医官がいるため包括的指示により准看護師として気管挿管、軽易な血管の結紮などもできる。海上自衛隊、航空自衛隊でも船員法による業務範囲は救命士よりも広い。それならば、准看護師から救急救命士になった一部の隊員に特別な教育を施して資格を取得させるよりも、准看護師である隊員全員に戦傷病に特化した教育を受けさせたほうが救命率は向上する。

また、陸自・海自・空自と別々に准看護士から養成していては、教育や予算の面で効率的とは言えず、統合して教育することが望ましい。

臨床検査技師　士から選抜試験を経て陸上自衛隊衛生学校にて3年間の教育を受けて養成された者が技術陸曹である「2曹」に昇任して勤務する。海上自衛隊、航空自衛隊も陸上自衛隊衛生学校が一括して教育を行う。

診療放射線技師　士から選抜試験を経て自衛隊中央病院の付属機関である診療放射線技師養成所にて3年間の教育を受けて養成された者が技術陸曹である「2曹」に昇任して勤務する。海上自衛隊、航空自衛隊も診療放射線技師養成所が一括して教育を行う。

栄養士　陸上自衛隊では陸曹の中から選抜されて部外の養成学校に通い栄養士となる。

作業療法士等　免許を取得してから技術曹として採用される場合、2士・曹候補生で入隊した後に、独学と私費で該当する免許を取得した後に、曹になる候補生課程教育を修了して技術曹となるなどがある。採用制度や人数や階級、養成方法などは変更することがある。

自衛隊固有の医療職もある（制度や階級は2023年6月9日現在）。

衛生官　MSC（Medical Service Corps Officer）衛生科の幹部で診療免許を持たない者、または診療免許を運用できない者である。

防衛大学校卒業者から年間2名、大学卒業と同等の学力がある者で一般幹部候補生（部外）の選抜試験合格者から年間2名、筆者のように陸曹になってから4年を経た一般幹部候補生（部内）の選抜試験合格者7名程度で、幹部候補生教育を修了した後に薬剤官と一緒に幹部の専門教育を受ける。

筆者のように診療免許を持たず普通科のような他職種から衛生科の幹部になったのは

現時点で筆者だけであり、救急救命士、准看護師、臨床検査技師などの免許を取得した衛生科の陸曹が選抜試験を経て衛生官になるのが一般的だ。

衛生官の専門は「衛生部隊運用」であり、筆者の特技は「中級衛生部隊運用」だった。衛生科部隊を適切に運用する指揮官または幕僚で、医官、看護官などが能力発揮を存分にできるよう環境を整え、戦傷病者となった隊員の早期勤務復帰による人的戦闘力の維持、最大多数の最大救命を実現させる自衛隊固有の専門職だ。

しかし、海外の軍隊の衛生将校と違い、准看護師などの診療免許を取得していた場合、その業務は行えなくなる。衛生科陸曹時代の専門特技は使えなくなってしまうのだ。

海外の軍隊の衛生将校は専門教育や国家試験に合格するなどして、ＰＡ（Physician Assistant）のような下士官時代よりも上位の専門職に就く。ＰＡとは、医師の監督のもとに診察、薬の処方、手術の補助など、医師が行う医療行為の80％を行える医療従事者であり、現在の日本にはこのような制度はない。

海外では地域の医師の偏在や、医師の過重労働対策のための代替労働力の確保として養成され、業務範囲も拡大している。筆者もＪＩＣＡ（国際協力機構）の仕事でリベリアの現地医療機関の調査をした際、公立病院では軍の衛生将校がＰＡとして外来の診療を行い、医科医師は専門治療を担当していた。より高度なことを行えることから幹部を目指すのであって、曹時代にせっかく取得した国家資格が使えなくなるのでは、部内からの幹部の成り手が減るのもうなずける。また、医科医官不足の問題も解決されない。

第一線救護衛生員

陸自の准看護師かつ救急救命士の資格を有し、所定の教育を終了した隊員から養成される、２０１６年度から開始された制度である。有事において任務遂行中の隊員が、銃器、爆発、その他の武器により負傷した場合に、第一線救護衛生員にのみ医師領域の高度な医療行為を認めるものだ。しかし、体制を整備した結果が救命率低下を招きかねないと危惧されている。この制度では救命率が１％も向上しないばかりか、大幅に下がることは間違いない。

第一線救護衛生員は有事の自衛隊の行動中に限り、次の有事緊急救命行為が実施可能となる。

・気道閉塞に対する輪状甲状靱帯切開・穿刺並びに声門上エアウェイ留置又は気管挿管

（気管挿管は従前から准看護師が行える。輪状甲状靱帯穿刺は２０１６年６月以降、

海外では行われなくなった）
・緊張性気胸に対する胸腔穿刺（海外の軍隊では一般の兵士でも実施可能）
・出血性ショックに対する輸液路（静脈路・骨髄路）の確保と輸液・輸血（乳酸リンゲル液に限らない。静脈路の確保は従前から准看護師が行える）
・痛みを緩和するための鎮痛剤投与（医療用麻薬を含む。従前から准看護師が行える）
・感染症予防のための抗生剤投与（従前から准看護師が行える）

「戦闘による負傷に起因する死亡を極限にする」ことを目的に、本来、救急救命士では実施できない領域の医療行為が特定の条件下に限り認められているが、第一線救護衛生員しか行えないのは、輪状甲状靭帯切開（外科的気道確保）と胸腔穿刺、骨髄路の輸液路確保だけだ。

第一線救護衛生員の養成教育は、現在の救急救命士養成課程の学生と、２０１６年5月からは同養成課程卒業者に対しても行われる。卒業者に対する教育は3カ月で20名を養成し、一年度あたり60人、養成課程の学生と合わせて約80人、全体として６００人の第一線救護衛生員が養成される予定だ。

しかし、これでは養成開始時期も遅すぎるし、人数も不足している。普通科連隊の数から、小銃小隊の数は１０００あるため早急に１０００人を育成しなければならないが、先述のペースでは10年かかる。定年退職者の補充や予備要員も必要となるので、同制度が機能するためには３０００人が必要である。しかも、第一線救護衛生員を配置したならば、現在、普通科連隊などの第一線部隊に配置されている約２０００人の准看護師を各衛生科部隊に引き上げてしまうので、第一線での救命を担う隊員は5分の１以下に減ることになってしまい、本末転倒以外の何ものでもない大問題である。

２０１５年までは第一線部隊に准看護師が「同行救護員」として配置されてきた。第一線には医科医官が配置されているので、包括的指示により救急救命士よりも行える業務範囲は大きい。そもそも自衛隊員を救急救命士として改めて教育する必要はない。６００人に「救急救命士」「第一線救護衛生員」と三重に教育を施す費用と労力で、２０００人の准看護師に有事緊急救命行為について教育することは十分に可能だ。

戦闘は一度に多数の重症傷病者を発生させるが、治療は１人ずつ行う他に方策はなく

図1-5　　自衛隊中央病院組織図

- 医療安全評価官
- 官邸医療支援官
- 病院長 ― 副院長
- 企画室
  - 総務部
  - 診療技術部
  - 衛生剤部
  - 臨床医学教育・研究部
  - 看護部
  - 診療放射線技師養成所
  - 職業能力開発センター
  - 診療科

診療科	
外科・消化器外科	心臓血管外科
呼吸器外科	脳神経外科
麻酔科	病理診断科
泌尿器科	耳鼻咽喉科
整形外科	リハビリテーション科
小児科	皮膚科
形成外科	眼科
総合診療科	腎臓内科
呼吸器内科	消化器内科
循環器内科	神経内科
代謝内科	血液内科
感染症内科	リウマチ科
産婦人科	歯科
精神科	放射線科
救急科	

陸上自衛隊管轄の病院

- 自衛隊札幌病院・北海道
- 自衛隊富士病院・静岡県
- 自衛隊福岡病院・福岡県
- 自衛隊熊本病院・熊本県
- 自衛隊仙台病院・宮城県
- 自衛隊阪神病院・兵庫県

海上自衛隊管轄の病院

- 自衛隊横須賀病院・神奈川県
- 自衛隊呉病院・広島県

航空自衛隊管轄の病院

- 自衛隊入間病院・埼玉県

同制度は数を揃えてこそ機能するものである。海外の軍隊が30名から15名あたりに1名のMEDIC（衛生特技軍曹）を配置しているのは、戦闘員のベースラインを把握するためでもある。

最近は第一線のポケットエコーの活用が目覚ましいが、常日頃からMEDICは自分が担当する戦闘員の身体についてポケットエコーにより健康管理も兼ねて「ベースライン」を把握しており、異変があれば直ちに気付けるようにしている。個々の特徴を記憶にとどめておくにはMEDIC1人あたり30人が限界であろう。有事緊急救命処置は「魔法」ではない。適切な人数配置と平時からの備えがあってこそ機能を発揮する。

衛生資材陸曹　野外での行動中に、自衛隊の医療機器、包帯材料などを総称して「衛生資材」というがそれを管理する専門職である。陸曹候補生課程修了者から陸上自衛隊衛生学校で養成される。

衛生整備陸曹　野外での行動中に、自衛隊の野外手術システム車など「衛生装備」の整備・修理などを行う専門職である。陸曹候補生課程修了者から陸上自衛隊衛生学校で養成される。

■自衛隊医療従事者の悲惨な充足率

自衛隊の医療従事者は「いざ」という時の隊員の救命に関わる重要職だが、現在、深刻な状況にある。

図1－6「自衛隊の医師、看護師、薬剤師の充足率と臨床経験」にあるように、自衛隊の医師数は2020年11月の報道時には約1000人と防衛医大の卒業者数から算出した編制定員の推測数2300人の半分にも満たない。防衛省では医師数は医科医師と歯科医師の合計数で発表することが多いため、歯科医師数約200人を引いた800人が現状であろう。2009年3月末の発表では自衛隊の医師数は陸上自衛隊779人、海上自衛隊225人、航空自衛隊172人の合計1176人であるから、医師数減少の速さと深刻さがわかる。

防衛医科大学校に入学すれば入学金及び授業料等を支払う必要はなく、医学生、看護学生として学習でき、医科医師、正看護師の国家資格受験資格が得られる。医学生と自衛官になる看護学生の学生の身分は防衛省職員（特別職国家公務員）であり被服、食事等は、すべて貸与又は支給される。在校中は、毎月所定の学生手当（給料月額12万20

図1-6　自衛隊の医師、看護師、薬剤師の充足率と臨床経験

区分		自衛隊での名称	現在員数（約）	定員（推定）※5	充足率（推定）	臨床経験
医師	医科医師	医官（幹部）	800 ※1	2300	35%	病院勤務が主
医師	歯科医師	歯科医官（幹部）	240 ※2	600	40%	病院勤務が主
医師	合計		1040	2900	36%	病院勤務が主
看護師	正看護師	看護官（幹部）	1000 ※1	3000	33%	病院勤務が主
看護師	准看護師	看護陸曹等（曹）	2000 ※3	2000	90%	部隊勤務が主
看護師	救命救急士（准看護師の中から養成）	救命陸曹等（曹）	500 ※3	500	90%	部隊勤務が主
看護師	合計		3500	5500	64%	60%が臨床経験に乏しい
薬剤師		薬剤官	600 ※4	600	90%	約半数が臨床経験に乏しい

※1　2020年11月報道資料　※2『歯界展望』（医歯薬出版）2016年3月号　※3　2016年防衛省HP
※4　採用人数と年数から算出　※5　卒業者数と定年退職者数から算出

0円、2023年1月1日現在）が支給されることに加え、年2回の期末手当（6月と12月のボーナス合計約30万円以上）が支給される。

学生自身の医療費は、防衛省の病院等で受診した場合はすべて国が負担してくれる。学生は、防衛省共済組合の組合員となり、その給付が受けられるほか、各種の福祉制度も利用できる。しかしながら、税金で学習するには相応の義務もある。卒業して幹部に任官するまでは指定場所に居住する義務があるため、隊舎で寮生活をしなければならず、外出には許可が必要になる。一般の医科大学に相当する夏休み、冬休みもあるが、それらは休暇扱いだ。

また、奨学金の比ではないほど厳しいのが教育費の一部を国庫に償還する義務だ。卒業後に医官となって9年間、看護官となってからは6年間、自衛隊に勤務する義務があるが、任官を辞退した場合や勤務義務期限以前に退職した場合は、翌月末までに医官では最高額約4800万円、看護官では800万円以上を支払う義務がある。

支払い方法は、一括償還か2年間かけての半年賦償還を選択できる。分割で支払う場合の年利は看護官で14・5%と高いものだ。半年賦償還を希望する場合には、離職の日(卒業の日の属する年の7月31日以前の離職のときは、8月9日)までに、その理由について詳細に記した「償還金償還計画書」を作成し、順序を経て陸上幕僚長に提出しなければならない。

防衛省技官となる看護学生の場合、学生の身分は非常勤の特別職国家公務員だ。制服が貸与され、入学金及び授業料等はかからない。非常勤職員手当が勤務時間(授業を受けた時間)に応じて支給され、年に2回の期末手当(6月、12月)も勤務時間に応じて支給される。通学には交通費が支給され、希望者は有料で寮生活をする。卒業後に防衛省技官となり勤務年限が6年に満たないで離職する場合は、卒業までの経費を償還する義務がある。

防衛医科大学校のいずれの学科も現物支給の給食、宿舎の関係費は「教育訓練を受けた対価にあたる」として徴収しない。中退した学生からも償還金は徴収しないとしている。

防衛医科大学校医学部では卒業時に卒業生の10％が任官辞退し、卒業後9年目（義務期限以前）までに約30％が退職し、卒業後14年目（38歳）までに50％が退職してしまう。償還金制度は２００７年度までは卒業後の年数に応じて金額は大きく減額されたが、以降は年数に応じた金額があまり減らなくなった。それにも関わらず償還金制度は医官の民間への流失を防ぐ役目を果たしていないのが実情だ。

これには、多数の病院が医官を引き抜き（ヘッドハンティング）をしている、昨今の医師不足の影響もある。医師を必要とする病院が国庫返還金の支払いを負担してもいる。医官が部隊に配属された場合、最大週２日の部外通修（通って研修や教育を受けること）が認められており、協力病院での臨床にて研鑽を積むことができる。通修の日数には部隊長の裁量で幅があり、筆者が所属した第11後方支援連隊衛生隊では週3日間であった。通修先の病院では懇切丁寧に一人前の医師になるように育成しているうちに、自分の病院で働いてほしいと願うようになる。

また、研修を受けている医官も自衛隊病院勤務に戻れば、自衛隊病院勤務では症例が不足しており、臨床経験を十分に積むことは望めない。一緒に研修を受けている医師たちとの大きな差がついてしまう、医師としてのスキルアップにも不安がある。医官では給与、昇進、技術面での悩みがあるが部外病院の魅力は大きい。こうして医官と部外病院の利害が一致し、研修先病院に引き抜かれることが多い。

■制度に翻弄される看護官

災害派遣などでの自衛隊の看護師の活躍について、もろ手を挙げて称賛することは、かえって看護官を窮地に立たせることになりかねないので、その実態について正しく理解しなければならない。防衛医科大学校病院を除く、各自衛隊病院で勤務しているのは正看護師の「看護官」だが、人数不足が深刻である。

戦争や作戦の科学的な分析や立案に際して考え方の基盤となる「戦いの原則」がある。軍事作戦を成功させるための、経験則や格言、規範をまとめたものであり、その中に「簡明」行動の計画を簡潔かつ明快に準備しておく原則がある（1986年版米陸軍戦教範100－5）。戦場の混乱した状況では複雑なものは役に立たないからだ。そのために防衛組織で必須なのが人的能力の標準化である。自衛隊では「基本的基礎的事項」と言うが、正看護師であれば誰もが同じ能力を備え、その基盤の上にそれぞれの専門性を拡充しなければならない。

ところが図1－7「自衛隊看護師の種類」のように、陸上自衛隊で5種類もあり、さらには図1－8「陸上自衛隊看護師の勤務歴と種類の比較」のとおり、あろうことか主要な看護師の能力に違いがあるうえに、勤務経験と階級においてそれらが逆転してしまっている。

図1－8の数字は自衛隊の看護師養成機関の卒業者数などから算出した看護師の編制定数の推定人数である。編制定数が推定3000人近くいなければならないところ、実

図1-7

自衛隊看護師の種類

<table>
<tr><th colspan="4">区分</th><th>自衛官の幹部としての
専門教育区分</th><th>階級</th><th>学歴</th><th>就学
期間</th><th>戦術
教育
※2</th></tr>
<tr><td rowspan="5">陸上自衛隊</td><td rowspan="4">正看護師</td><td rowspan="3">部内で養成</td><td>防衛医科大学校
看護学科
（自衛官コース）
卒業者</td><td>陸上自衛隊
幹部候補生学校
看護科幹部候補生課程
NB課程修了者
2018年４月〜</td><td>幹部看護官</td><td>大卒</td><td>4年</td><td>履修</td></tr>
<tr><td rowspan="2">自衛隊中央病院
高等看護学院
（陸自看護学生）
2016年3月
卒業生で廃止</td><td>陸上自衛隊
幹部候補生学校
幹部基礎（看護師）課程
N課程修了者
2006年７月〜</td><td rowspan="3">陸曹を経て幹部看護官</td><td rowspan="2">圧倒的多数が高卒</td><td>3年</td><td>履修</td></tr>
<tr><td>陸上自衛隊
幹部候補生学校にて
幹部教育を受けていない
1958〜2005年</td><td>3年</td><td>未修</td></tr>
<tr><td>部外から採用</td><td>看護師免許を有し、
かつ保健師または
助産師免許を
有するものから
公募（年に数名）</td><td>陸上自衛隊幹部候補生
学校看護師幹部
課程修了者</td><td>大半が大卒</td><td>3〜4年</td><td>履修</td></tr>
<tr><td>准看護師</td><td>部内で養成</td><td>陸自は4カ所、
海自・空自は
各1カ所の
養成所において
自前で養成</td><td>各曹教育隊での
曹候補生課程</td><td>陸曹</td><td>圧倒的多数が高卒</td><td>2年</td><td>未修</td></tr>
<tr><td>海上・航空自衛隊</td><td>正看護師</td><td>部内で養成</td><td>防衛医科大学校
看護学科
（自衛官コース）
卒業者</td><td>海上・航空各自衛隊
幹部候補生学校
看護科幹部候補生課程
2018年４月〜</td><td>幹部看護官</td><td>大卒</td><td>4年</td><td>履修</td></tr>
<tr><td>防衛省技官</td><td>正看護師</td><td>部内で養成</td><td>防衛医科大学校
看護学科
（技官コース）
卒業者
防衛医科大学校
病院で勤務</td><td>海上・航空各自衛隊
幹部候補生学校
看護科幹部候補生課程
2018年４月〜</td><td>なし</td><td>大卒</td><td>4年</td><td>未修</td></tr>
</table>

※上記以外にも公募予備自衛官、公募看護師で幹部基礎（看護師）課程を修了していない者、防衛医科大学校高等看護学院（2016年3月卒業生で廃止）卒業者、防衛省技官職（非常勤職員）の看護師もある
※戦術教育とは幹部としての勤務（指揮官・幕僚・教育・研究）をする上で必要な能力を養成する教育
※防衛医科大学校看護学科は2014年新設。定員は自衛官コース約75名（主に陸上自衛官）、技官コース約45名

図1-8　陸上自衛隊看護師の勤務歴と種類の比較（2023年4月現在）

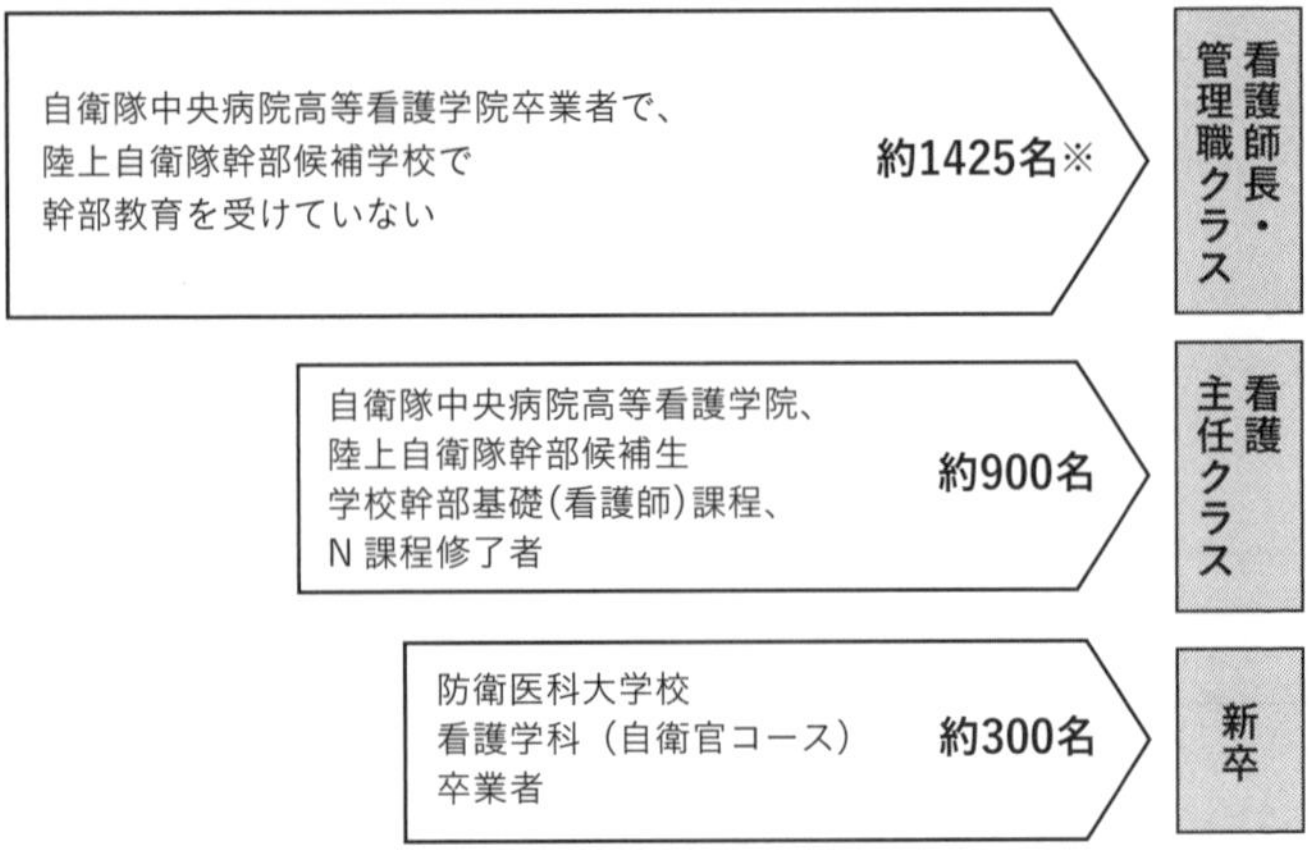

経歴	人数	クラス
自衛隊中央病院高等看護学院卒業者で、陸上自衛隊幹部候補学校で幹部教育を受けていない	約1425名※	看護師長・管理職クラス
自衛隊中央病院高等看護学院、陸上自衛隊幹部候補生学校幹部基礎（看護師）課程、N 課程修了者	約900名	看護主任クラス
防衛医科大学校看護学科（自衛官コース）卒業者	約300名	新卒

※中途退職者を差し引かない推定編成定数

際は1000人と報道されているのであるから、看護師の人手不足は充足率30％台と深刻である。充足率が50％未満になると機能発揮はできない。

一般の病院では看護師長や管理職に就く40代以上の看護官が専門学校卒であり、自衛隊幹部の養成教育を受けておらず、しかも過半数を占める。看護主任クラスの30代の看護官から幹部養成教育を受けるようになるが、こちらも専門学校卒である。

一方、自衛隊では新人の看護官が防衛医科大学校卒であり、看護学の学位を有し幹部養成教育を受けてから各自衛隊病院に配置されてくる。この能力と教育の逆転は看護官本人にとっては気の毒としか言いようがない。看護官の中途退職者の退職理由の多くはさらなる能力向上のため、症例数の多い病院で勤務することや進学を希望するものだ。本来の教育を受けているべき、主任クラス以上の看護官に速やかに大学教育、幹部教育を受けさせ学位を授与すべきであろう。

自衛隊中央病院高等看護学院は渋谷近傍のため人気があり、以前は倍率が64倍と狭き門であった。現在は所沢の防衛医科大学校にて看護師が養成されるため、地域的な魅力がない。償還金制度が決定的となり入学希望者が減少しているようだ。

一般社会では筆者の修得したＭＯＴ（技術経営修士）のように実務経験を大学卒業相当と見做し、夜間の通学で学位を取得する制度が整えられている。防衛医科大学校の看護師養成部門の一部を三宿駐屯地に設け、陸海空と救命救急士合わせて全国に３０００人いる准看護師を部隊勤務のペーパー看護師状態から自衛隊病院勤務に移して看護師不足を補完、看護官には、勤務しながら学位を取得できる制度を設けるべきである。

他人との差は必ず人間関係に歪みを生じさせる。それが本来のあるべき姿から逆転しているのであればなおさらだ。国土防衛とは架空の数字を発表し能力を誇張することではなく、持てる能力を効率的に運用して行うものだ。コロナ禍により、自衛隊に部外の医療従事者の動員は不可能であることが露呈した今、現有の人的資源を有効活用する改革をすべきである。

陸上自衛隊には約2000人の准看護師がいるが、こちらは部隊勤務が主であり、准看護師免許取得前の病院実習以来何十年も患者を看たことがない者もいるほどのペーパー看護師である。陸自では衛生学校に入校することもなく統一された教育を受けない准看護師が大半だ。また、600人ほどの救急救命士もいるが、こちらは准看護師免許取得者の中から養成されるため、看護師も兼ねている。ところが、救急救命士も准看護師同様に部隊勤務が主で臨床経験はほとんどない。救急救命士から養成される第一線救護衛生員も同様だ。現行では、第一線の医療従事者が何種類もあり複雑すぎる。准看護師に統一して同じ技術を備えた隊員の数を揃えるべきだ。

■看護官に女性が多いがゆえの大問題

人手不足である自衛隊の中でも医療職種は特に深刻である。医師である「医官」の大量退職により、その役職を薬剤官（薬剤師）や衛生官（幹部としての診療資格を持たない衛生科幹部）などが代行せざるを得ない中、充足率が１００％を超えていた看護官は頼れる存在であった。

しかし、看護官が臨床から離れ、2～3年も部隊にて看護と関係のない勤務をすることになり、現在では自衛隊病院での夜勤シフトを組むことが困難になるほどの看護官不足に陥っている。第一線救護衛生員制度の目的の裏には、陸自の第一線の部隊で勤務している約２０００人もの准看護師を自衛隊病院勤務に充てるためとの疑いがあるほどだ。

女性が90％以上を占める看護官の離職の増加は、男性が80％以上を占める部隊勤務でのセクハラ、ジェンダーレスの強要などはもちろん、実患者を滅多に看ることがない准看護師との軋轢なども原因なのではないか。

筆者は実際に臨床を離れ、衛生科部隊の幹部や陸曹の代行をしていることを深刻に悩んでいる看護官、それが原因で退職した看護官を幾人も見てきた。彼女たちが精神的に弱いとは決して思わない。むしろ、看護師の専門職への意識が高いからこそ、臨床の面でも有事医療の面でも中途半端な状況に耐えられない看護師が大半であった。事実、そのほとんどが退官後に進学している。

自衛隊の幹部の役割とは「指揮官」「幕僚（専門領域で指揮官を支えるスタッフ）」「副官（指揮官の直接的な補佐）」「教育者」「研究者」の5分野である。幹部教育を受けていないことは、これらの業務ができないことを意味する。さらに「自衛隊」という防衛組織そのものがわからないので一般病院の看護師長や主任としては能力を発揮できるが、本来の自衛隊幹部として、発生する事態を予測し先行的に人材を育成して運用する、部外力を活用して能力を補完するために業務調整を行うなどができない。

これは彼女たち（この世代までは看護官になれるのは女性のみ）が悪いのではなく、制度に翻弄されたものであるから気の毒としか言いようがないのだが、コロナ禍に直面してから今もなお改善されることもないのが現状だ。

■有事医療にも影を落とす自衛隊の人員不足

自衛隊は本来、新型コロナウイルス感染症よりも対処が困難な放射性物質の散布や核爆発に対処しなければならない。これらは防護や治療が可能な毒ガスや生物兵器よりも対処がはるかに難しい。現実に、世界の危機管理は「不審な爆発はすべて、放射性物質の拡散を伴うか核爆発として対処する」ことを基準としている。

しかし、自衛隊はこうした放射線などの知見を持ち、有事の現場を担う3尉・2尉の中途退職者が激増しており、指揮官の人材不足が深刻である。それ以前に、自衛隊全体の人員が不足しており、充足率はこの10年あまり、90％台前半で推移している。

2021年度に自衛隊は1万3280人を採用したが、定員数24万7154人に対し、年度末時点で23万7554人と1万6000人以上不足している。隊員不足はこの年に限らず慢性的。2022年度は募集の40％にとどまっている（令和4年版『防衛白書』）。

日本は若年人口が減少しており、入隊適齢期の若者は民間の会社との取り合いだ。自衛隊員の俸給（給与）額を増やせば入隊希望者が増えそうに思えるが、そううまくはいかない。

2022年12月、岸田文雄首相は自衛隊予算の大幅な拡大を発表した。5年間で「総額約43兆円確保」という、戦後最大規模の防衛費増加である。

筆者は2022年度末から防衛装備庁や防衛関連企業、第一線部隊などを訪れたが、どこもいきなり増えた予算の使い道に悩んでいた。全国に4カ所ある戦闘服、迷彩作業服を製造する工場は全力操業だ。今まで更新されずにきた隊員の被服がやっと新調できると現場も喜んではいるが、筆者が思い出したのは経済援助を受けたものの使い方がわからず、閣僚全員に専用車としてベンツの高級車を与えたアフリカのある国の政策だった。

本来であれば、明確な国防の方針のもと、防衛力整備の計画を立て必要な金額を出してから、予算としての承認を受けるものだ。しかし今回は先に金額があることが問題となっている。

拡大予算のうち15兆円が、自衛隊の「持続性・強靱性」を高めるために使われ、弾薬等の整備、防衛装備品の可動数向上、施設整備などに充てられるが、これは現在の装備品を使える状態に戻すことであり、防衛力強化には結びつかない。長期間続いた修理不能状態から解消されるだけだ。修理不能状態になっていたのも、予算不足よりも同じ金額で修理部品を買えなくなったために起きているケースが多い。

修理不能状態とは、その期間訓練ができなかったことを意味する。隊員の訓練には時間がかかるため、こちらのほうが深刻だ。しかも退職してしまった隊員には再入隊を促しても、そのほとんどは帰ってこない。

■自らの生命も、仲間の四肢も守れない現状

何より、防衛力の強化において重要なのは、隊員がいざという時に任務を遂行でき、その過程で出る負傷者の被害度合いを少しでも減らすことだろう。安全保障環境が厳しさを増す中、新規隊員、在職隊員を問わず、「いざという時、自分の身はどうなるのか」を現実的に考えざるを得ないことを考えれば、隊員募集においても、あるいは在職隊員の士気にも、自衛隊医療の問題は大きな課題となる。

今後、再度コロナのような新興感染症が蔓延したら、大規模接種に人員を割くことはできないかもしれない。この自衛隊の深刻な現状について国民に知らせ、今度は民間に自衛隊が支援を受ける体制の整備が急務であることを議論すべき時期にある。

自衛隊の医療の充実は隊員にとって最高の福祉でもある。にもかかわらず、疎かにされ続けてきたのが実態だ。

自衛隊の医療では自衛隊病院の手術室が何十年も使用されず、「開かずの間」状態であったり、鋼製小物と呼ばれるメスや鉗子などが錆だらけで使用できないような状態にある。当然ながら、これらを用いる衛生科技術の訓練も疎かになっている。次章で詳しく取り上げるが、自衛隊の有事医療は自衛隊員の命を救い得るものになっていないのだ。まさにコロナワクチン接種で自衛隊員が後回しにされた状況が象徴するように、自衛隊では自らの生命や、仲間の四肢を守るための訓練も十分になされていない実態がある。

さらに、自衛隊の医療職は養成が基本なため、中途退職者が発生しても募集により不足分を補うことができない。そのまま欠員となるのだ。２０１９年10月の台風第19号による災害派遣時には、予備自衛官の医師と看護師を動員せざるを得なくなっていた。

コロナ禍の初期では武漢からの帰国者対応などに予備自衛官の医師と看護師を派遣できたが、感染が拡大するにつれ動員ができなくなった。彼らはコロナ禍の最前線にいたからだ。同様な状況は、戦争が発生した際にも起きるであろう。国難の際、自衛隊が医療面での災害派遣を行えたのはコロナ禍が最後であろう。これからは、自衛隊の行動を部外医療機関がいかに支援するかについて真剣に取り組まなければならない。

第二章

ないがしろにされる
自衛隊員の命

■起きてはならなかった自衛隊員による小銃発砲事件

自衛隊の医療を考えるうえで、避けては通れない事件が発生した。２０２３年6月14日、岐阜市内の陸上自衛隊の日野基本射撃場で18歳の自衛官候補生が３人の自衛隊員に小銃を発砲し、守山駐屯地に所属する菊松安親１等陸曹と、八代航佑３等陸曹が死亡し、原悠介３等陸曹が重傷を負った。

自衛隊の訓練の中で小銃射撃は最も安全なものであるはずが、40年ぶりの重大事故が発生してしまった。動機の解明などは今後の捜査や裁判を待つほかないが、明らかな殺意を以て他の隊員を撃っているのであるから、事故というよりも小銃による殺人事件である。

事件後、さまざまな解説や疑問が飛び交ったが、本来、自衛隊に限らず射撃とは安全なものである。競技会で比較しても射撃競技での事故や外傷の発生は他種目に比べて大差をつけて少ない。身体に極端な負荷をかけるものでもなければ、他人と接触することもないからだ。

今回の事件でも、本来訓練中の危険は89式小銃の口径5・56ミリの先にしか存在しない。銃口の先の管理さえできていれば事故は起こり得ない。筆者は自衛隊に20年間在隊して、日本ライフル射撃協会の射撃競技会審判を務め、その後、猟友会のクレー射撃大会にも何度も出場し、海外でも射撃を行ったが、事故と怪我は自衛隊では1件もなく、民間の射撃大会でわずか1件、しかもそれは規則違反によるものだ。

規則についての詳しい解説は他に譲るが、自衛隊の射撃の安全管理は民間の競技会よりもはるかに厳しく世界一である。小銃の照準規制射撃を行う直前まで小銃と弾薬が一緒になることはない。だが今回の事件では、本来の規則に反して「事件・事故が起こる条件」が揃ってしまったことになる。

今回の事件の報道でよく耳にしたのが、「悪意があればいかなる事故も防ぎようがない」というものだ。もちろん完全な対策などないが、不完全ながらも組み合わせることで100%防止できるし追求すべきである。「防ぎようがない」というのは責任放棄だ。実際に1984年の陸上自衛隊山口射撃場での乱射、逃走事件を機に安全管理を徹底してからは、事件も事故も発生していなかった。基本的な構想は次の2つとなる。

Fool Proof（バカでも間違えない）と、Fail Safe（失敗しても補完可能）である。

だが今回は、安全管理のための規則が守られていなかったために、惨事に至ったことになる。

また、今回の事件に関して「教官や候補生らは防弾チョッキをつけていなかったのか」という疑問の声も一般社会からは上がっている。

小銃は殺傷力が強く、防護できるのは防弾プレートの部分に限られる。しかし、全長が長いため銃口管理は容易だ。このため、銃と弾薬が一緒になる時間を制限し、銃口管理を厳しく行うことが主な安全策になる。規則上はこれが徹底されていた。拳銃は全長が短く片手で扱えるため、不意に銃口が意図しない方向に向いてしまう。このため、射座に立つ射撃係などは防弾ベストを着用する義務があるだろう。

海外の軍隊の射撃に比して自衛隊に徹底されていないのは、弾薬係が防弾ベストを着ていないことと、射手が目や耳を保護しないことだ。乱射など起きなくとも、弾薬は火薬類であるから破裂などの事故に備え、いかなる射撃でも弾薬係は防弾ベストを着用すべきだ。ライフル弾でも破裂による飛散であれば防弾ベストもヘルメットも防護効果はある。

射手の防護については射撃訓練の目的による。基本姿勢を身につけさせるのであれば防弾ヘルメットもベストも着用しない。最近はコンバットシャツという胴体がジャージのような戦闘服が主流になりつつあるが、楽に動ける服装で射撃訓練を行う。しかし、筒内爆発など銃や弾薬の問題により射手が怪我をするおそれがあるので、防弾サングラスや耳の防護は必ず行う。

自衛隊は小銃弾の防護効果のない防弾ヘルメットは着用するものの、目や耳の防護が不徹底だ。重迫撃砲の射撃事故で顔面に熱傷を負い失明したことがあったにもかかわらず、改善も徹底もされない。実戦に近い射撃を訓練するのであれば防弾ベストなどを着ける。ベストの厚みで射撃動作や照準が変わるからだ。

■銃撃を受けた後の大問題

だが、防弾チョッキ以上に世間を驚かせたのは「事故が起きた後の自衛隊の救急医療体制」だろう。

今回の事件では野戦型救急車も担架も用意されていなかったことが露呈した。これも射撃訓練を行う上であるまじき規則違反だ。自衛隊の医療崩壊もついにここまで悪化したかという印象を抱かざるを得ない。

大きな問題は次の2つだ。

①射撃訓練の衛生支援が不適切
②陸自隊員のAEDの認識不足

先に陸上、海上、航空自衛隊のいずれの実技訓練でも射撃は最も事故も怪我も少ないものであると述べた。しかしひとたび、事故や事件が発生したならば、銃による影響は致命的なものとなる。最悪の事態に備えて計画を立て、部外病院とも調整し、訓練前に必要な教育を行い、命課（役割を付与し命じること）しなければならない。だが、今回の事件ではいずれも不十分であったことがわかる。

事件の推移を追ってみよう。事件当時の射撃開始、訓練で言う目標時間「初弾発射」は9時ちょうどと思われる。最初の射群が射撃を開始して、自衛官候補生が小銃を乱射し始めたのが6月14日の9時8分頃、9時30分に岐阜県警が現場に到着、同32分に自衛官候補生の身柄が岐阜県警に引き渡された。

近所の防犯カメラに同38分、40分、41分にそれぞれ岐阜市消防の救急車と見られる救急車が計3台、日野基本射場に向かうところが映っていた。同50分から53分にかけて撃たれた自衛官3人が病院に搬送されている。

報道の空撮映像を見ると日野基本射場の屋外には消防の現地本部が設置されていた。本来であれば岐阜県警による現行犯逮捕も、岐阜市消防による現地本部設置も必要ない。自己完結機関である自衛隊がすべて行うべきことである。第35普通科連隊は何をしていたのかと疑問だが、ここでは衛生支援の不備について解説する。

自衛官の治療は基本、自衛隊病院で行う。以前は岐阜県各務原市に自衛隊岐阜病院があったが、2022年3月17日の再編にて現在は航空自衛隊岐阜基地診療所となっているので、救急搬送先は射場近隣の部外病院になる。自衛隊には筆者のような治療・後送業務の統制を行う専門職幹部である「衛生官」がおり、第35普通科連隊では衛生小隊長がその職に就いている。

編制上は普通科連隊、戦車連隊などの基幹連隊には衛生運用幹部という医官（医師である衛生科幹部自衛官）が配置されており、応急治療なども行うが、部隊の医官充足率が20％未満の現状では衛生運用幹部が勤務している基幹連隊などないだろう。筆者も第9戦車大隊の衛生小隊長であったが、診療資格を何も持たない衛生官の筆者が、医官の1尉職に就いていた。

医官が必要な場合は、第10後方支援連隊衛生隊などに医官の派遣を要請することがある。筆者が第11後方支援連隊衛生隊（当時・2007年から第11後方支援隊衛生隊）に在職中は衛生科隊員の配置がない部隊の射撃時には、看護陸曹（正看護師）を救急車小隊の野戦型救急車に乗せて射撃場に配置するなどの衛生支援を行ったものだ。しかし今は、衛生隊にも医官はほとんどおらず、看護官（正看護師である衛生科幹部）の充足も30％未満であろうから、ますます部外病院との業務調整が重要だ。

■同行していなかった野戦型救急車

今回の事件では撃たれた3名の隊員を、射撃場から消防の救急車に乗せるまでの担架すらなかった。標的用のベニヤ板やベンチらしきプラスチックの板におびただしい血液が付着した物が報道の空撮映像に捉えられていた。

第35普通科連隊にも野戦型救急車が装備されており、本来それは射撃訓練に同行すべきものだ。演習などで救急車が運用できない場合は第10後方支援連隊から支援を受けるなどして必ず野戦型救急車を同行させる。筆者はそうしていた。

野戦型救急車は中型トラックに担送患者を同時に4名載せられる機能を備えたもので、1名の重症者用に高規格救急車の設備のような野外生命維持セットも搭載されている。野戦型救急車を配置して正しく衛生支援をしていれば、担架がないことはあり得ず、撃たれた3人を載せて調整してある部外病院に直行となり、9時30分には病院に到着できていたであろうし、部外の救急車を呼ぶ必要もなかったはずだ。

装備に加えて射撃前の教育も重要である。本来であれば安全教育、救護教育を全員に対して行う。射撃全般の一般的な守則と、射撃法特有のまたは射撃場特有の特別な守則の徹底である。例えば射座で銃弾が発射されない時は「遅発」かもしれないので60秒待ってから取り出すなど、安全に関する事項を現地で再度認識させる。

重傷者が発生したならば救護員1名ではとても手が足りない。そのため、救護員を直接手伝う補助者や傷病者を支援する介助者、歩ける傷病者を助ける護送者、担架で運ぶ際の担架班員、通報者などを指名して任務を付与するもので、これを「命課」と言う。事故が発生してから人選をしているようでは間に合わないからだ。

操縦手要員には複数の搬送先を優先順位をつけて指示しておき、予備経路も含めて徹底しておく。筆者は部隊での射撃ではこれらを実施していたが、今回はそうではなかったことになる。

■AEDの実物も検定もない自衛隊

今回の事件では射撃場にAEDを携行しておらず、近隣の住民を頼りに探し回ったことが報道された。携行していなかった理由は、射撃が持続走のような心臓に負荷をかける訓練ではなかったからだというのはわかる。しかし、射撃は強いストレスがかかる訓練でもある。今回は4回目の射撃とはいえ、自衛官候補生には強い緊張感もあったことだろう。最悪の事態を想定して、AEDと胸骨圧迫を確実に行うために背中に敷く「背板」もセットで派遣すべきだったし、筆者はそうしていた。

ＡＥＤは除細動装置であるから、出血多量で心臓内に血液がない「Heart Empty」状態の心静止では適用外である。第四章で詳しく触れるが、安倍元総理が銃撃された時もそうだった。銃創の場合は循環血液量を失わないために1秒でも早く止血することが重

図2-1　身体部位別の止血法

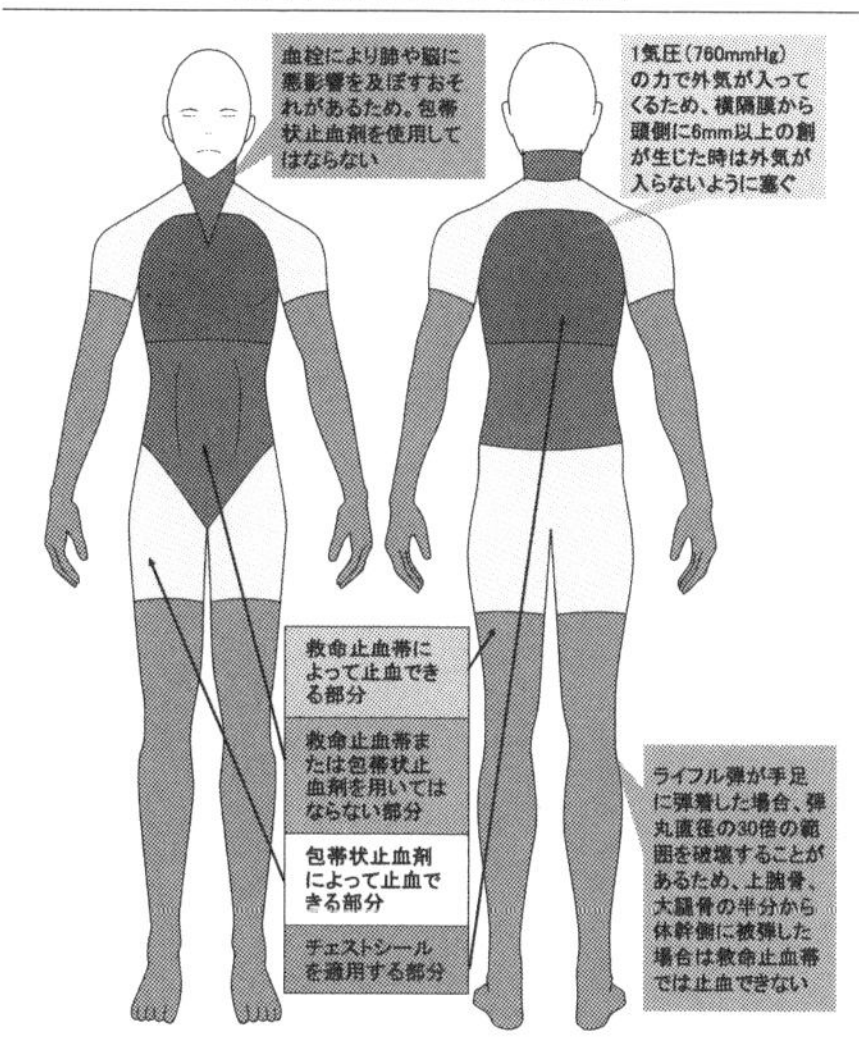

防弾装備で防護可能な部分

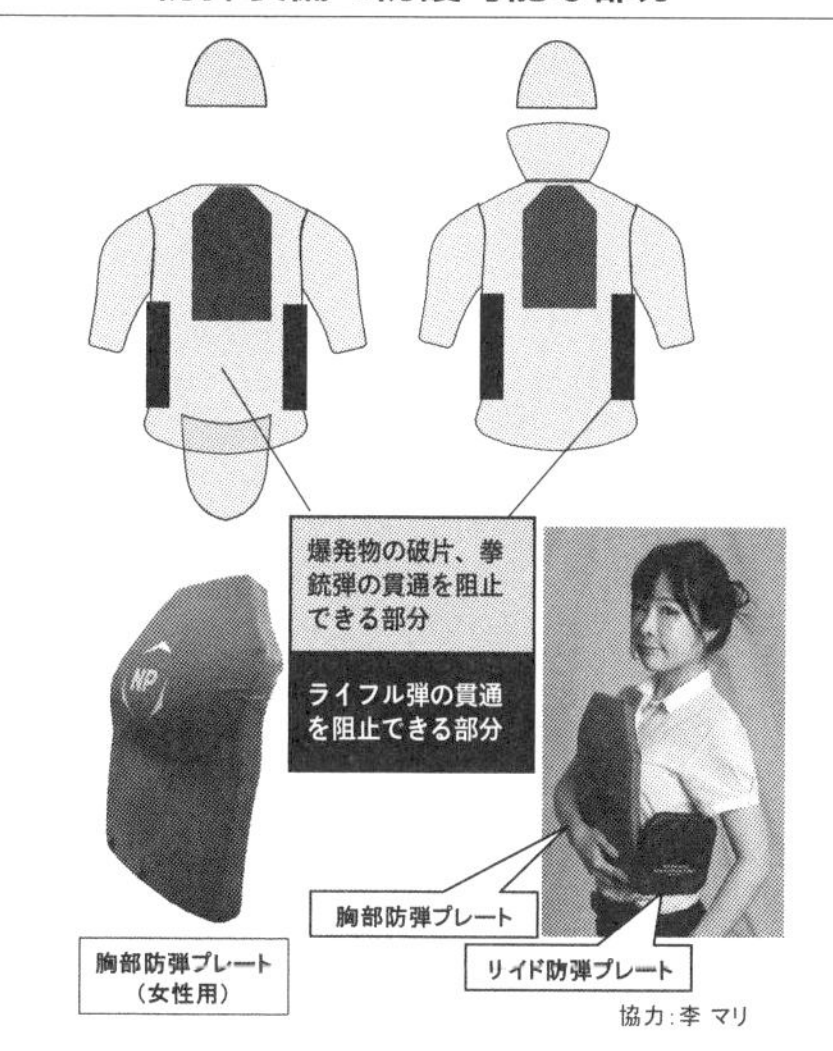

協力：李 マリ

要である。血液を失った心停止からの社会復帰率は1％もないからだ。

図2－1「身体部位別の止血法」のとおり、脚を撃たれた弾薬係の原3曹には直ちに救命止血帯による止血をすべきだ。至近距離からの被弾で全治3カ月となれば重症だ。


交代係の八代3曹、弾薬係の菊松1曹が撃たれたのは体幹部であるため、止血が不可能に近い。菊松1曹は頭部も被弾した。搬送時意識のあった八代3曹は防弾ベストにより致命傷を予防し、一刻も早く手術を受けさせるべきであった。消防の救急車を呼び、受け入れ先の病院を探す余裕などないのだから、事前に衛生支援計画を立て、計画手術を延期して緊急手術をしてくれる病院を手配しておくのである。そうすれば「自衛官の受け入れで一般患者の計画手術が延期された」との報道もなかっただろう。

事件発生直後に自衛官がＡＥＤを探して回ったのは、致命的な状態にはＡＥＤというように単純に記憶していることがうかがえる。それだけ教育が徹底されていないのだ。

現在、日本の市街地・住宅地には５００メートル四方にＡＥＤが1台あるほど普及している。日野基本射撃場の周囲にもＡＥＤはあるだろう。駐屯地や基地にある隊舎内の自動販売機にもＡＥＤは設置してある。しかし、自衛隊の救急法検定にＡＥＤの使用法が加えられたのはごく最近であるため、使用法を知らない陸自隊員がほとんどである。

２０１４年、陸上自衛隊衛生学校研究部・研究員だった筆者はＡＥＤを全国標準の救急法検定科目に入れるべきと主張したが、部隊が常備している装備品ではないという理由で検定として義務づけられることはなかった。できない理由、やらない根拠を探して仕事を増やさないことに至上の価値を見出す自衛隊の悪弊の最たるものだ。

東日本大震災の前年、２０１０年頃から「ＪＲＣ蘇生ガイドライン２０１０」の普及に合わせて、第一線部隊の衛生小隊の一部ではＡＥＤの使用法について自主的に教育を始めていた。当時は全部隊で統一された救急法教育はなく、北部方面隊、東北方面隊、西部方面隊は日本赤十字社の救急法と同じものを行い、筆記試験もあり教育水準も高かった。しかし、２０１１年に全部隊標準の救急法が定められると救急法検定の水準が下がり、ＡＥＤの教育はなくなってしまった。

防衛省の報道によると救急法検定として定められたのは最近まで次の内容だった。

第1課題　傷病者自ら行う止血帯による緊縛止血法
第2課題　心肺蘇生法（ＡＥＤの使用法はない）
第3課題　状況下における救急法の手順に基づく救急処置等

標準化されて検定試験により質が保証されているのは、救命止血帯と心臓マッサージと人工呼吸だけなのだ。他国軍隊では60項目を超えているにもかかわらずである。第3課題とはそれぞれの部隊長が必要と思ったことを検定するという悪名高き「丸投げ検定」だ。隊員の命はその時の部隊長次第になった、というほかない。

現実に筆者が衛生小隊長をしていた第9戦車大隊では以前の大隊長は救急法教育に熱心であったが、交代した大隊長は「俺が必要ないと言えば救急法教育は必要ない」として、第1課題、第2課題しか教えなくなってしまった。その分、クロスカントリースキーや銃剣道などの競技会の練習に充てたのだ。戦闘技術競技会に勝てる部隊を育成すれば部隊長の評価が上がるためである。

そうした中で東日本大震災が発災した。さらに酷い部隊になると「現在の部隊で充実した救急法教育を行ったとして、その隊員が異動した先の部隊が救急法教育をあまりしていなかったら、その隊員が不幸になる」などと理解に苦しむ理由で第3課題をしない部隊長まで現われた。心も志もない施策が現場の隊員を危険に曝す典型例である。

第3課題の自主裁量の余地で第2課題の心肺蘇生法の中にAEDを入れていた部隊もあった。このため、全部隊で標準化されたようにも見えたが、それは幸運なだけであり、部隊長の交代に伴い、いつ教育が行われなくなるかわからない運頼みだった。最近になってようやく、第1課題が「平素等における救急法」となり、患者発見～周囲の状況確認～気道の確保～胸骨圧迫～AEDによる除細動となったが内容は乏しいままだ。

今回の事件で露呈したようにAEDの理解不足では形だけは検定をしていても、身に付いていないに等しい。他国軍隊では救急法検定は年に1回程度では効果が不足することが研究により判明しており、米軍では半年に1度の救急法検定が義務づけられている。

■防ぎ得る死を防ぐためにできる限りすべきこと

本章で詳しく取り上げるが、陸上自衛隊の個人用救急品は東日本大震災の頃は小型の

図2-2　陸上自衛隊個人携行救急品の包帯状止血剤「止血剤含有X線造影剤入りガーゼ」の比較

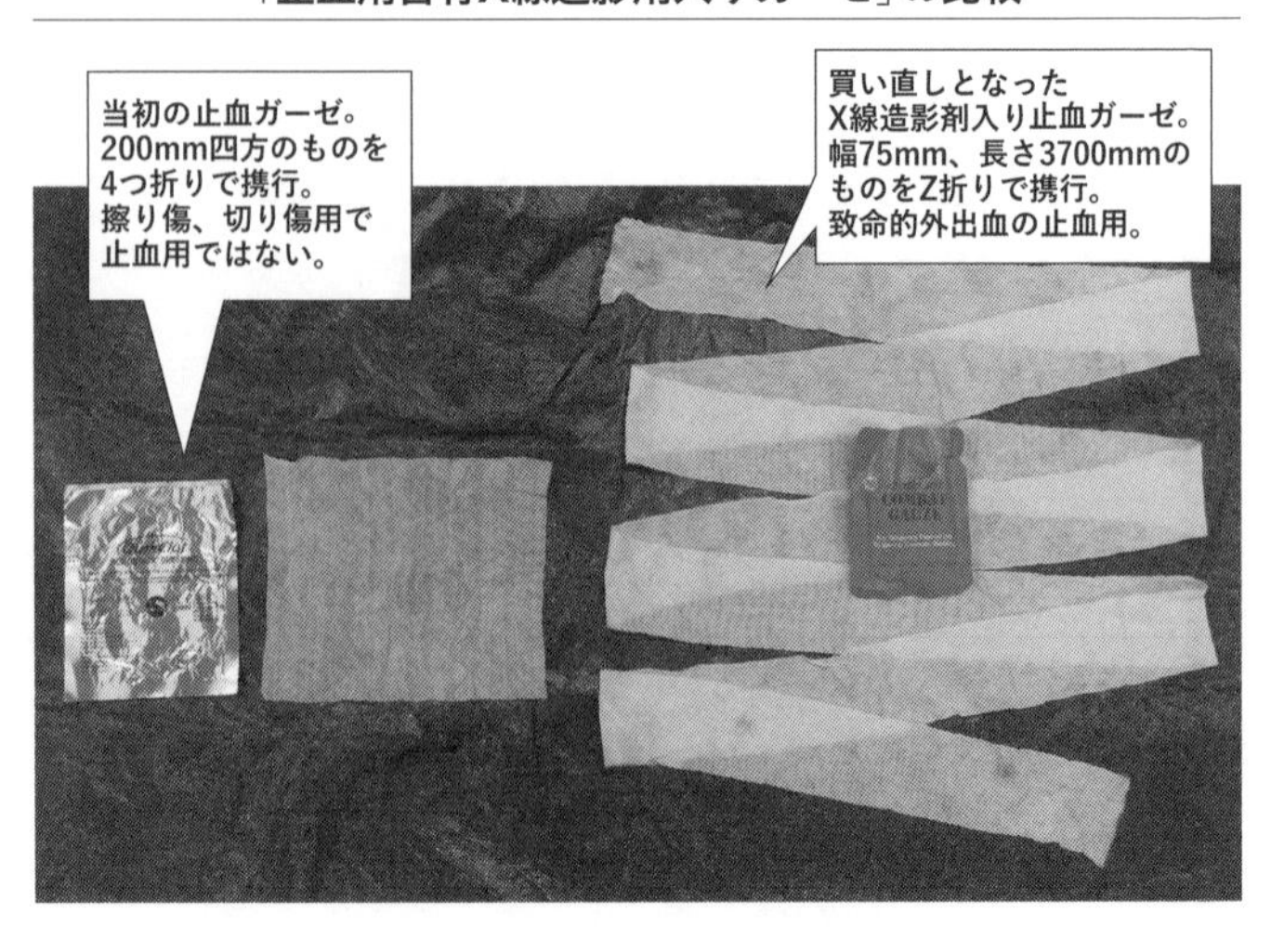

止血ガーゼパッド付包帯が2個であった。

後述するように大野元裕埼玉県知事が参議院議員の時の努力により現行の個人携行救急品にまで内容品が充実したが、その半分が欠陥品であることが露呈し、買い直すことになった。深刻なのは包帯状止血剤とチェストシールである。図2-1にあるように救命止血帯が適用できない、手足の付け根部分などの止血には包帯状止血剤が極めて重要だ。

ところが図2-2にあるとおり、当初装備されたのは20センチ四方の擦り傷切り傷用のものだった。これではとても数が足りないので、海外の軍隊では幅75ミリ長さ375センチのものを採用している。

チェストシールとは、胸に開放性の創が生じた時に塞ぐための包帯の一種だ。胸に直径6ミリ以上の孔が開いてしまうと外気が1気圧（760㎜Hg）の力で胸腔に侵入してくる。本人の小指の直径よりも太い孔になると、本人の気管の直径の3分の2よりも太くなるため、気管を通じてよりも抵抗が少なく胸腔に入るようになる。

こうなると損傷を受けた肺が膨らむことができなくなり、呼吸が困難になる。大きさが3センチ以上ともなると致命的だ。チェストシールとは中央に一方弁が設けられているもので、外気の侵入を防ぎ胸腔にたまった空気は排出するようにする包帯材料の一種だ。2010年の自衛隊ハイチPKO派遣から、陸上自衛隊はチェストシールを装備している。

当初、個人携行救急品の内容品となったものは、大きすぎて携行品袋に入らない。キャップを外し忘れると排気弁が機能しないというものだった。

包帯状止血剤も、チェストシールも買い直されているが、今もなお一部の部隊にとどまっている。包帯状止血剤の薄さが陸上自衛官の命の薄さを表しているようだ。

こうした批判を行うと、よく「筆者が自衛隊にいた頃と今は違う」との声も聞くが、今回の事件で露呈したように今も変わらないどころかますます悪くなっているのではないかと思わざるを得ない。さまざまな第一線の救命の施策が行われてはいるものの、そこに第一線の隊員の命への配慮を見出すことはできないし、これではとても自衛隊に入隊などできないと思われても仕方がない。

また、今回の報道でよく耳にしたのが、悪意のある銃の乱射は防ぎようがないことと、防弾チョッキを着ていても頭を撃たれたら死ぬという極端な反論だ。完全な防止法も救命法もない。複数の組み合わせで100%を追求していくものだ。救命で目指すべきは「防ぎ得た死」を極小化することである。戦争になれば全員救命することは不可能だ。

防弾ベストを着ていたら救命できたのであれば、防弾ベストを着せておくべきなのだ。そうしなければ遺族は納得しないし、自衛隊も信頼されない。できる限りのことをして失われた命であれば国民は受け入れるが、防ぎ得た死を招いたのでは信頼はされない。

防弾ベストとはいえ、銃弾から無傷ではない。弾頭の貫通は阻止できても身体側が44ミリ膨らむことは許容されている。刃先であれば20ミリまで貫通しても「防刃」という。

完全に貫通を阻止するとなると、厚すぎ、重すぎてとても着られないからだ。そこで、救急法や包帯材料との組み合わせと治療・後送体制により救命率を高めていく。今回の事件で露呈したのは、そうした組み合わせる要素の個々が十分ではないということだろう。

緊急事態にこそ、平時にはわからなかった真の「危機対応能力」が問われることになるのだ。

■「世界で最も安全な国」の医療が破綻する時

平時の日本は世界で最も安全な国であり、世界中で好印象を持たれている国でもある。救急医療についても、119番通報の覚知から救急車が現場に到着するまでに「平均7分程度」であるように、その体制が整えられた国のひとつに数えられる。

しかし現在、私たちが享受している救急医療体制はあくまでも「平時」ゆえに機能しているものであり、「有事」となれば脆くも破綻してしまう危機が発生する。しかも「有事」に至る蓋然性が意外にも高いこともまた、日本の特徴と言える。

これまで「災害大国・日本」と呼ばれるように、平時医療体制が破綻する「有事」に至る要因の最たるものは、自然災害だった。今もその優先度は変わらないが、台湾有事に関連した日本の南西諸島方面での衝突や、全国の在日米軍基地へのテロの危険性も考慮せざるを得なくなっている。

こうした危険性が、安全保障や危機管理の専門家だけでなく一般の人々にとっても「他人事ではない」と感じられるようになった要因のひとつには、2022年2月24日から始まった、ロシアによるウクライナへの侵攻が挙げられる。そしてもうひとつが、同年7月8日に発生した、安倍元総理銃撃事件だ。「個人的な恨みであって、テロではない」という解説もあるが、本来、警護担当者によって安全が確保されているはずの要人が、日本では想定外の銃撃を受けたことは、国内外に大きな衝撃を与えた。

つまり、これからの日本は、予測することが難しい自然災害に加えて、紛争やテロのように「人が発生させる危機」による平時医療体制の破綻にも備えなければならなくなった。

実は日本でも、安倍元総理の銃撃やロシアによるウクライナ侵攻前から、「一般人が有事に巻き込まれ、複数の傷病者が発生し、通常医療が破綻する」ケースは想定されてきた。

例えばメディアでは、当初２０２０年に予定されていた東京五輪（実際はコロナの影響で1年延期となり、２０２１年に開催）に向けたテロ対策として、厚生労働省が爆発物や銃器、刃物による外傷治療に対応できる外科医養成に乗り出すことが報じられていた。テロが世界で多発する中、日本国内ではこうした外傷治療の経験がある医師は限られているため、不測の事態に備えるのが狙いだ。

銃創や爆傷に対して行う手術は、通常の外科手術とは別の専門性が必要とされる。特にテロ発生現場では患者の容態が不安定なことが多く、術前に十分な検査をする余裕がないまま、メスを入れて初めて損傷した臓器がわかるような緊急手術が大半だ。執刀医には、速やかに適切な手術法を選び、あらゆる臓器損傷に対応できるだけの技量が求められる。

平時医療体制が破綻するいずれのケースも、医師が最大の治療能力を発揮できるような体制づくりが重要であることは共通しており、そのための戦術を持たなければならない。「手術」も「作戦」も英語では同じく「operation」と表現する。それらを効率よく実行するための「tactics」（戦術、戦法）が重要で、今の日本はここが決定的に欠けている。

■自衛隊に欠けている「戦傷医学」の戦術

特に自衛隊がＴＣＣＣ（米陸軍旅団戦闘傷病者救護後送指針）について認識を誤っていることが致命的だ。

ＴＣＣＣ（ティートリプルシー）とはTactical Combat Casualty Careの頭文字を取ったもので、日本では「戦術的戦傷救護」や「戦術的第一線救護」と言われるが、どちらも誤認である。１９９６年に米軍が始めた第一線の救命の取り組みで、「戦闘による死者の90％は、治療施設に到着する前の戦場で亡くなっている」こと、さらに「大動脈の損傷によって起こる大量出血は、通常は非常に性急で、おびただしいため、負傷者は助けが来る前に亡くなってしまう」ことを踏まえ、大量出血を負傷から短時間のうちに防ぐことで、死者を大幅に減らすことができることから始まり、世界的なスタンダードになりつつある。

現代の戦闘外傷では同時に手足を２本、３本失うもので、１人の治療には交通事故による外傷治療の2倍、3倍もの医療従事者が必要となることがあるからだ。しかも戦傷病者は同時多発する一方で、現地のインフラは破壊されるなど機能不足に陥っている。そこで、軍隊では作戦地域では戦闘傷病者の決定的治療は行わず、生命または機能維持のための処置だけを行い、治療能力を有する後方地域へと引き継ぐSOP（Standard Operating Procedure＝作戦実施規定）が定められる。

NATO軍も採用している米軍のTCCCは国際標準となった。

Tactical：軍事用語では作戦基本単位、機能集合体による戦闘及びその部隊、2023年現在の米陸軍では「旅団」を意味する

Combat（戦闘）：軍事用語ではTacticalは「作戦単位」を指すため「戦闘」を表現するためには「Combat」を用いる。例としてCAT（Combat Application Tourniquet＝戦闘時に適用する救命止血帯）がよく知られる。

Casualty（傷病者）：医師の診察を受ける前の人を意味する。診察を受け、医師の治療の管理下にある人は「患者（Patient）」だ。

Care（処置）：医師以外が行う救護や治療に繋げるために施されるものである。医

図2-3　TECCとTCCCの地域的概念図

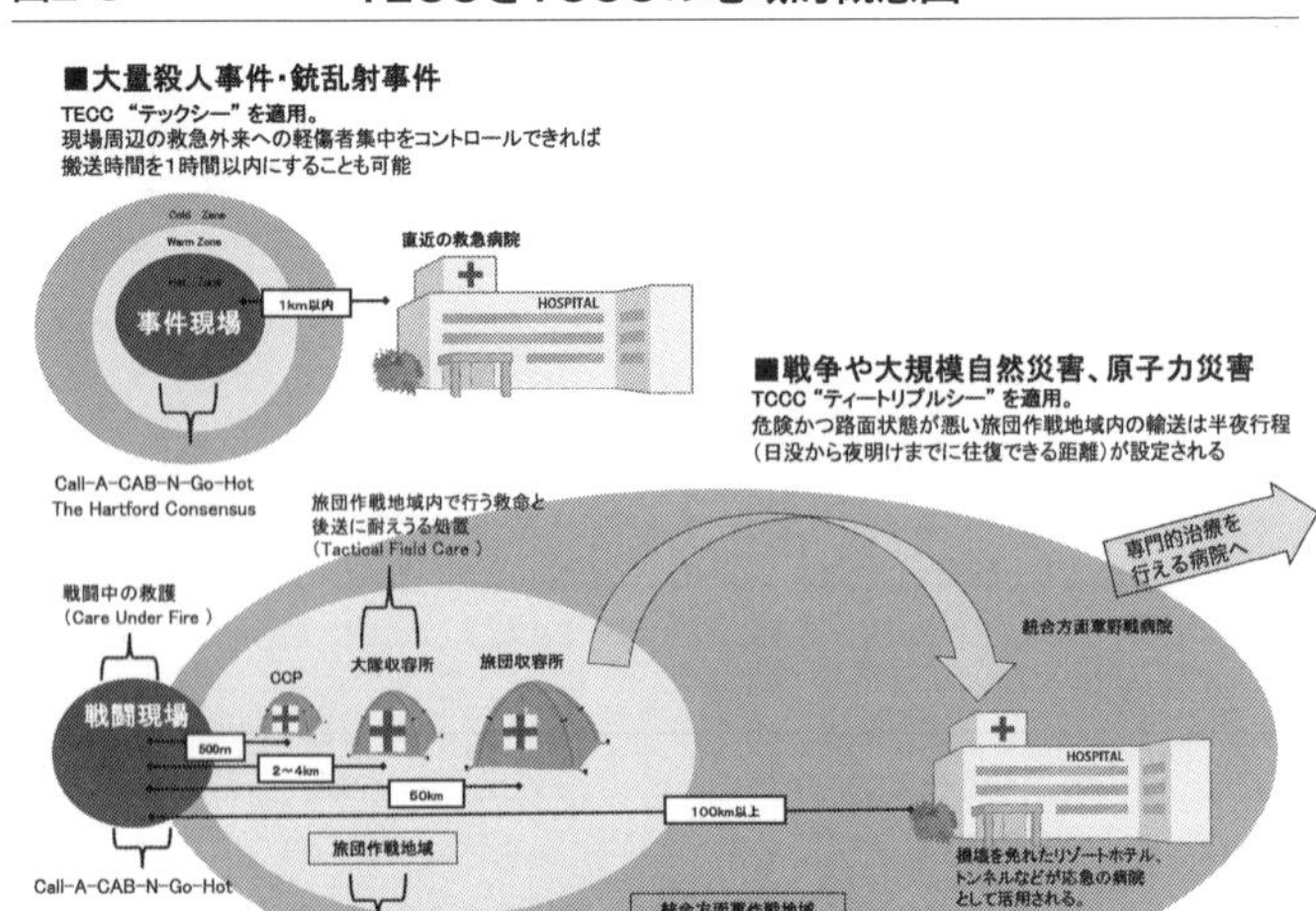

師が行うものは「Treatment（治療）」である。

TCCCとは、平時の医療では現場から救急病院に直行して決定的治療を施すことに対して、戦場では治療をせず、救命または機能維持のための処置にとどめ、必要最少の応急治療によって設備の整った病院治療を受けられるまでの間を中継するための取り決めだ。

図2－3「TECCとTCCCの地域的概念図」にあるとおり、テロや戦闘が局地的であり医療インフラが機能している場合は、上半分のTECC（テックシー）が適用される。

図2-4　米軍の治療・後送体制

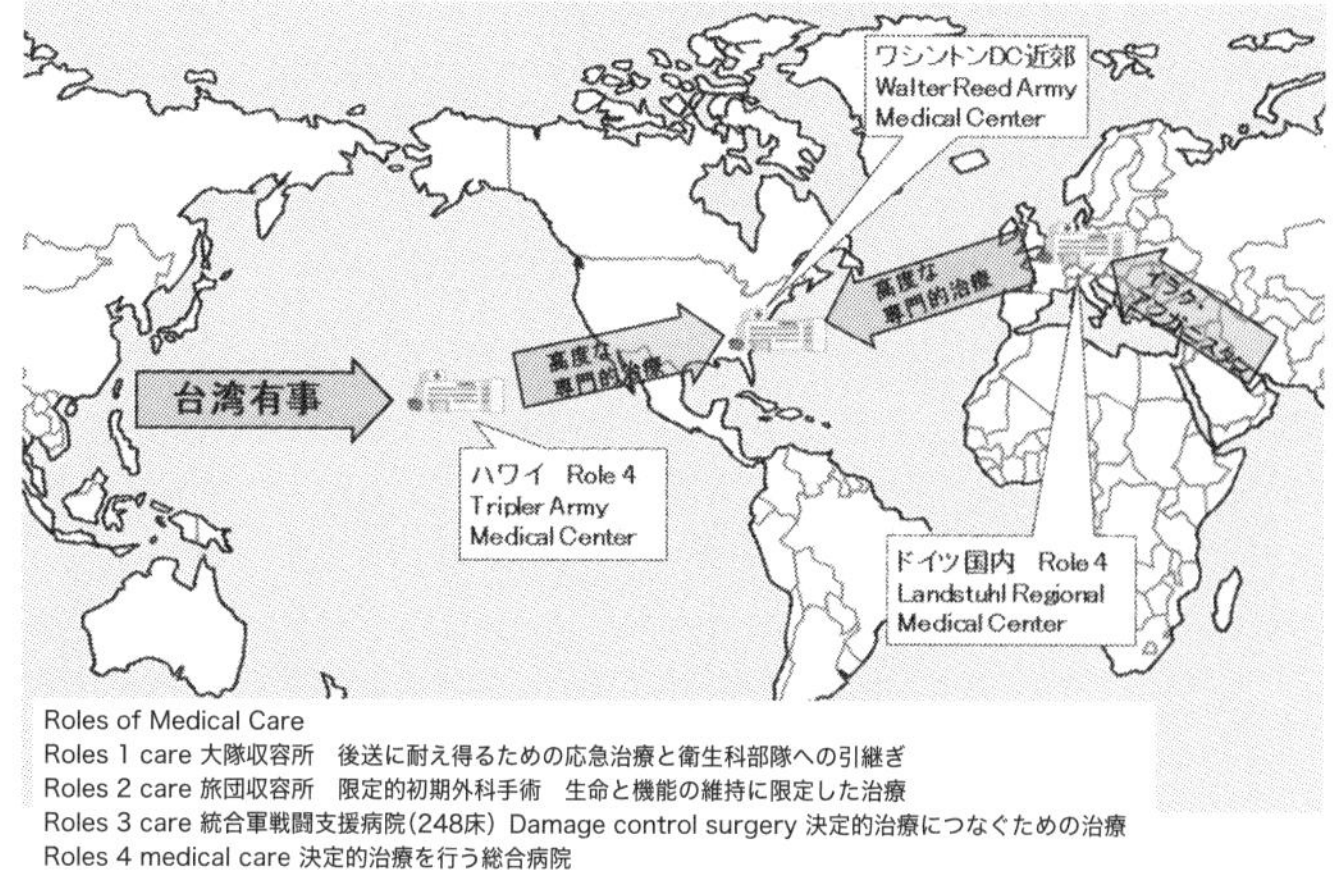

Clinical Practice Guidelines, go to http://usaisr.amedd.army.mil/clinical_practice_guidelines.html を参考に制作

武力侵攻を受けている状態であれば下半分のＴＣＣＣの適用となる。ＴＣＣＣには図２−４「米軍の治療・後送体制」にあるとおり、Ｒｏｌｅ１から４の段階があり（Ｒｏｌｅについては第四章で詳述）、イラク・アフガニスタンの戦闘では決定的治療はドイツで行われ、制服を着て帰国できる状態になるまで治療を受けてから、ワシントンＤＣ近郊にある、日本で言えば防衛医大と自衛隊中央病院を合わせたようなWalter Reed Army Medical Centerにて専門的な高度医療を受けることになっていた。

台湾有事となれば、ハワイに送られることになるが、ベトナム戦争時のように日本国内の病院を中継することもあるだろう。

逆に言えば、こうした対策が徹底されなければ戦死者は増える。正しい処置ができていれば防ぎ得た死を、できるだけ減らそうというのが世界的潮流なのだ。

だが自衛隊の戦場医療には、こうした観点が欠けている。「戦術、戦法」を組み立てるためには「諸元」、つまり目安が必要となり、時間的目安は特に重要なのだが、考慮されているとは言い難い状況にある。

■人命救助のタイムリミットは72時間

また、日本では「戦争」と「自然災害」は分けて考える傾向にあるが、先進国では戦争は災害のひとつであり、自然災害への対応は国防の一環として行われる。平時の体制が破綻する事態全般を「災害」と捉え、自治体、医療機関、警察、軍隊、企業等がそれぞれの機能を発揮し連携して対応することが常識だ。本書も、大規模自然災害、各種の事態、戦争等の全般を「平時医療体制の破綻」と考えている。

災害に関しては、医療関係者ならずとも「黄金の72時間」、つまり災害発生時から72

時間（3日）以内が、人命救助のタイムリミットとなる「ゴールデン・アワー（ゴールデン・ピリオドとも）」として広く知られつつある。それ以降は生存率が格段に下がってしまうためで、一般に災害発生から、24時間以内に救出された被災者の生存率が約90％、48時間以内では約50％、72時間以内では20〜30％と言われる。

一方、「戦争」はどうか。現代の戦争は大規模消耗戦となるため、軍隊が戦い続けるためには、国の総合力で支える必要があり、これは大規模自然災害への対応と共通する面が多い。

大規模自然災害に軍隊が迅速かつ有効に対応する際には軍事力の強さが発露されるし、国民の支持も得られる。また、大規模自然災害に見舞われているときは、国内が混乱し、国力が弱まっている。他国の侵略を招きかねない状況でもあるため、軍隊の災害派遣は戦争抑止の示威行動としての意図も含めて行われる。

だが一方で、図2-5「自然災害や事故とテロや戦争による危険度の推移の違いの概念図」にあるように、危険度の推移、時間軸の捉え方には大きな違いがある。

自然災害や事故であれば、発生した瞬間及び直後が最も危険度が高く、時間が経つに

図2-5　自然災害事故と テロや戦争による危険度の推移の違いの概念図

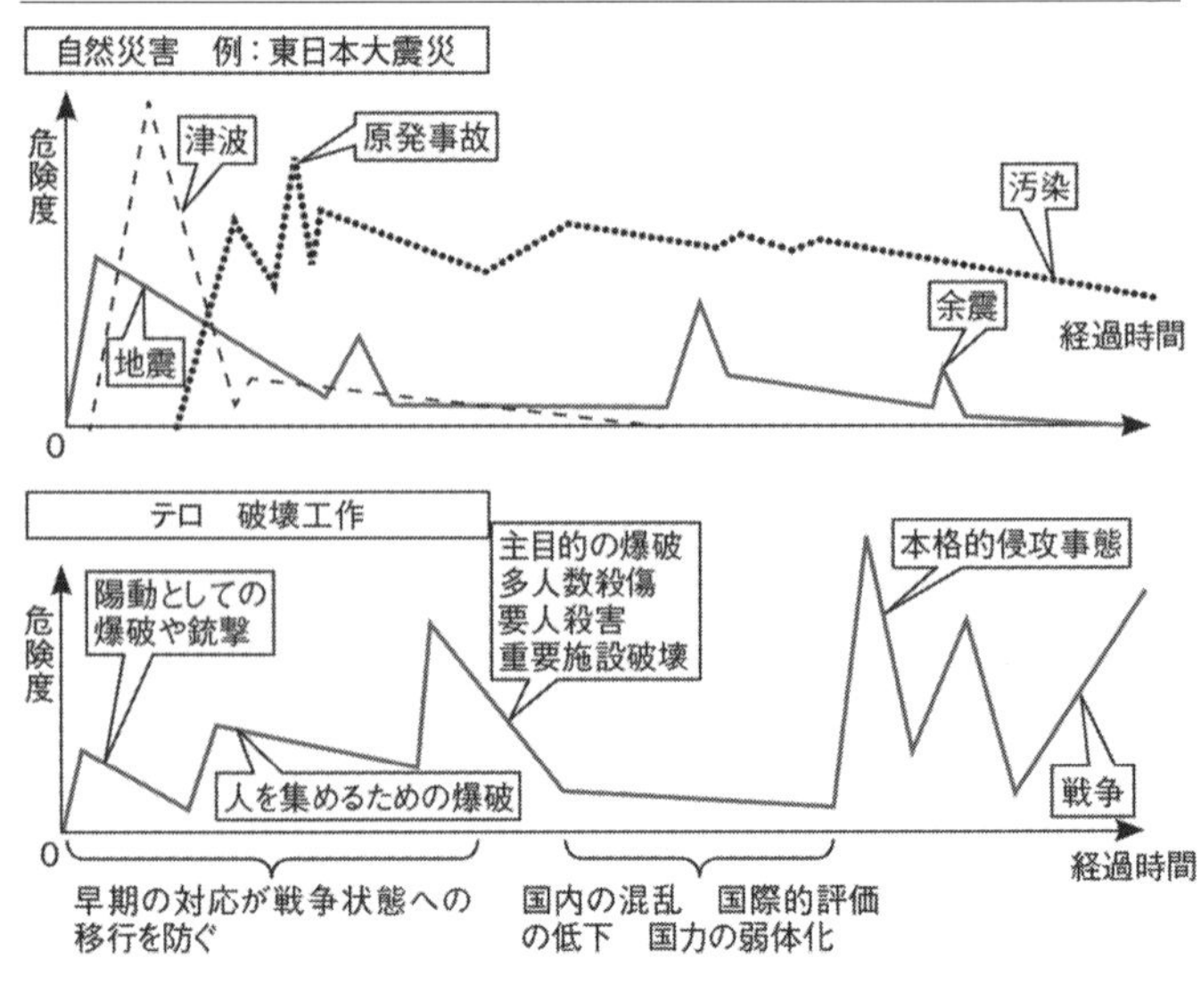

つれ、安全に収束へと向かうことが多い。一方でテロや破壊工作では、有効な対応をしないまま時間の経過を許してしまうと、危険度が増し、規模も大きくなりかねない。

例えば、さまざまな人が利用する有名なカフェのチェーン店で銃撃や爆発があった場合、これらは「陽動」であることが多く、この陽動で大量に発生した負傷者により医療体制を破綻させ、地域住民を混乱させ、交通渋滞を発生させるなどの警察力を封じたうえで、本来の目的である、より多人数の殺傷や、重要施設の破

図2-6　平時の救急医療体制の概念図

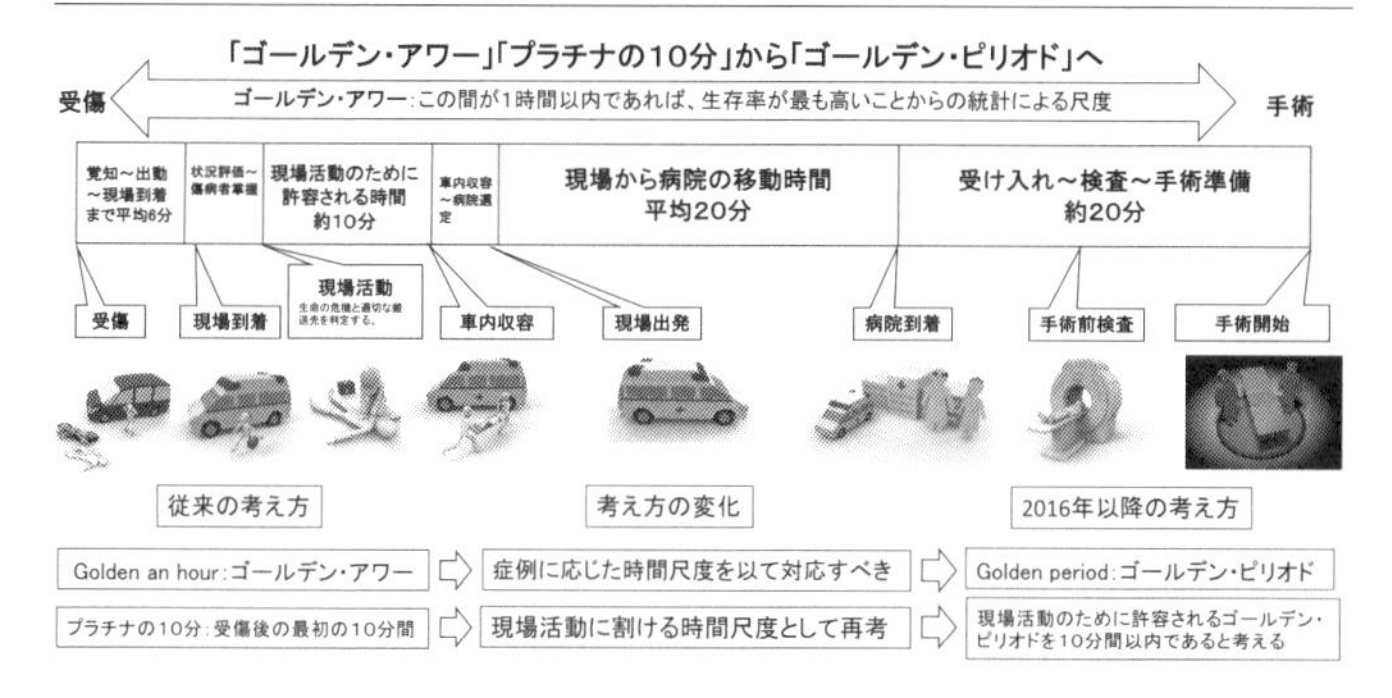

平時の救急医療体制「破綻」の概念図

重傷者の人数と救急医療で必要になるスタッフ数

重傷者1人の場合　→　1隊の救急隊1隊（3人）　＋　手術室1室（6人）
重傷者10人の場合　→10隊の救急隊10隊（30人）　＋　手術室10室（60人）

10人単位で重傷者が同時発生した場合、10室の手術室を空けられたとしても、手術スタッフを用意することができくなる可能性が高くなる

壊が実行される。

また、要人や重要施設は警備が厳重な「ハードターゲット」であるため、郊外のショッピングモールなどの集客施設「ソフトターゲット」で多人数を殺傷し関心をそちらに向けたうえで、本来の目的を達成しようとすることもあり、悪意を持った人の自由意志による攻撃は予測が難しく、危険度の推移を読むことが困難であり、状況が動的に変化することが特徴である。

外傷では図2－6のように2016年以降はゴールデン・アワーからピリオドへ移行した。症例ごとに時間尺度は異なるからだ。銃創・爆傷・刃物による致命傷の救命の尺度はさらに短い。

例えば「飛行速度750メートル／秒以上のライフル弾が大腿部に命中した際の銃創」のように、高速の銃弾が身体に命中した際の衝撃力は凄まじく、血管や神経組織を破壊し尽くし、広範囲の組織の欠損をもたらす。

人間の身体には4000～5000ミリリットルの血液があるが、大腿部に銃創を負った場合は、大腿動脈の血流量の多さもさることながら、大腿骨骨折による1000ミリリットルの出血も加わり、「数分」で失血死しかねない。ゆえに国際標準の戦闘外傷救護・初期治療教育であるTactical Medicine Essentialsでは「受傷してから30秒以内に処置をせよ」と教育している。

銃創の処置が1秒を争うほどの速度を要求されることは、世界最高レベルと言われる米軍最新の個人携行救急品「ＩＦＡＫⅡ」にも如実に表れている。この装備で最も重視されるのは戦闘外傷における「救命器具」である止血帯の装備方法だ。2本を分散して携行し、一瞬にして間違いなく手にすることができ、迅速に装着できるよう工夫されている。

被害者個人ではなく、事態の推移を広く見ても、自然災害のように一方的に事態が収束へと向かうのであれば、現場の努力や個人の能力で、運よく対応できてしまうこともあるが、テロや破壊工作などでは先述したような特徴があるため、組織力による柔軟な対応が必須だ。

2015年11月にフランス・パリで発生したテロ事件では「パリには10万人の医療スタッフがいて、それ以上でもそれ以下でもない」という徹底された病院間連携と、そのためのコマンド・コントロール体制、通信システムなどの総合力こそが、最大多数の最大救命を実現させる一大要素となった。

翻って日本はどうかと言えば、緊急事態に対応するための医療体制整備は十分とは言えず、組織力の強化が急務である。

銃撃や爆発による事態対処には国家レベルでの迅速な対応が必須だが、それは戦闘外傷を負った個人レベルでも共通である。ライフル銃のような高速弾は四肢に命中した場合でも致命傷になりかねず、短時間に死に至るおそれがある。

つまり適者生存の医療のあり方こそが、有事医療について考えるための根源なのだが、対応時間の極めて短い戦闘外傷の特徴からは、自ら救急処置を行える資材と技術を持つ「生存適者」になることが極めて重要だと言える。

戦闘外傷、有事の医療に対する一般の認識を高めておくことは「危機管理」の大きな要素ではある。一方で、多くの人は「自分は理解していないが、『誰か』が備えているのだろう」と思うかもしれない。

しかしその認識が大きな誤りである。「誰か」を待っているのでは死んでしまう。自分ができるからこそ、早く救命できるようになる。

全員が救命の責任者となるべきは自衛隊だろう。有事になれば自衛官こそ真っ先に「戦闘外傷を受ける対象」となり得るのであり、また自分や仲間が外傷を追った際には、即座に、その場で救急処置を施すことが求められる。

当然、自衛隊はそのための訓練も行っている。だが「十分対処できる」という状態には至っていない。本書執筆の最大の動機は、まさに「自衛隊の医療は平時医療の破綻に対処できるのか」という点にある。

■生きるか死ぬかは指揮官次第？

第一章でも述べたが、陸上自衛隊では健康管理の責任は、個人及び部隊などの長、つまり本人とその指揮官にあると考えられている。陸上自衛隊服務細則156条にも「中隊長等は、直接部下の健康管理の責に任ずるものであるから、常に部下の健康状態を把握し、健康管理の施策を適切かつ具体的に実施し、これを監督しなければならない」とある。

だが、この規則を根拠に負傷した戦闘部隊の隊員自ら、または近くにいる医療職種以外の隊員で相互に行う救急処置の教育と訓練まで、個人及び部隊等の長の責任と理由付けてしまうのは無責任だろう。個人及び部隊の長の責任にできるのは、対応時間に余裕があり自己管理できる「健康」についてだ。しかしながら、陸上自衛官の実に1万人以上が糖尿病を患っているというデータもあり、それすらできていないのではないかと疑わざるを得ない。

健康状態は個人の生活習慣や各部隊の業務内容により大きな影響を受けるものであるから、それぞれに異なることも当然である。しかし、戦闘で負傷した場合は自分や部隊の努力のみで救命することは不可能だ。

そこで、陸上自衛隊は衛生科職種を設け、隊員が訓練中に負傷したり、有事を想定した演習等で傷病者に応急処置を行う技術を持った隊員を育成している。

ただしそれはあくまでも決定的な治療までの時間稼ぎであり、そこから医師が行う「応急治療」、前線から後方の病院治療までをつなぐ「収容所治療」といった組織的な体制による連携が必須で、救急処置技術の教育と訓練の標準化が他国軍隊では積極的に進められている。

どの部隊でも、いかなる職種でも等しく最も高度な救急処置を行うことができなければ、連携することも、最大多数の救命も実現できず、防衛組織としての医療能力の最重要部分が欠け、国民の信頼が得られない。また、隣の戦闘部隊は人命重視で、自分の戦闘部隊は救護に無頓着などと差があったのでは士気にも大きな影響が及ぶ。

まして、自衛隊は近年、ＰＫＯや集団的自衛権について踏み込んだ任務を行うようになったのだから、救急処置能力は国際標準に達していなければ他国からの信頼を損ないかねない。日本の派遣隊に負傷者を委ねたら不適確な処置により戦傷死した、重大な後遺症が残った、などとなれば日本の国際的信用に大きく影響する。

ところが、自衛隊、陸海空のいずれも、戦時どころか平時の医療すら不十分と言わざるを得ない状況にある。先に、災害時にせよ、戦時にせよ、有事においては「自ら救急処置を行える資材と技術を持つことが極めて重要」と述べたが、自衛隊はそのいずれも欠いているのだ。

■隊員の命を救う個人用救急品のお粗末さ

まず資材についてみていきたい。自衛隊において、隊員個人の生命を守るのは個人携行救急品だが、現行、自衛官に配布されているのは、彼らの命を守るのに十分とは言い難い、お粗末なものでしかない。

これについては、大野元裕参院議員（現埼玉県知事）が２０１６年に参院予算委員会で取り上げている。少し長く、専門的な内容を含むが、整理したうえで引用する。

〈（海外派遣を含む）新たな任務で危険は増す、しかしながら予算手当てはしない。具体的な施策は行わないということですが、次に、ＰＫＯに限らない、一般隊員の救命救急体制について聞きます〉

〈あまりにも悲惨なのでここで資料等は出しませんが、例えば着弾速度が７５０メートル／秒以上のライフル弾が例えば大腿部に命中する。これは相手を止めるために、殺すのではなくて実は腰から下を狙うんですね。傷病兵というのは足手まといになりますから、それも狙ったうえでやるんですけれども。その大腿部に命中した場合、（銃弾の）入るところと出るところ、特に射出口が弾丸直径の30倍の約18センチ以上になるため、自衛隊が持っている包帯では止められないんです。

日本でもテロのおそれや、あるいは島嶼部での問題も発生しています。海外に行けば、日本よりもはるかに大きな火力を持った武器が使われることも、経験上、米軍やイギリス軍なども報告をしていますが、包帯だけでも規格が違うものにするつもりはございませんか。

そして、もうひとつ重ねて聞けば、この包帯では手当て（止血）できないので、自衛隊ＰＫＯ部隊等、つまり海外に派遣する部隊には（もう少しましな規格の包帯を）渡しているんですけど、国内部隊においても、せめて（包帯状）止血剤、つまりこの射出口の部分を覆うことができる、補強（射出口からの致命的な大出血を制御）することができる止血剤だけでも早めに、早急に配布することを御提案させていただきたいんですが、大臣、いかがですか〉（カッコ内は筆者補足）

当時は稲田朋美防衛大臣で、「自衛隊の個人携行品は米軍と同じものを使っていると承知している」と答弁している。

質問でも挙げられたように、自衛官の個人用救急品のうち、問題のある内容品のトップは止血帯だ。陸上自衛隊は最近まで、異常に脆い止血帯を採用し、感染防止能力に欠ける手袋を全隊員に追加支給していた。

陸自が２０１４年に全隊員に支給した止血帯ＣＡＴは、材質も機能も米軍現用のＣＡＴ‐Ｇ７（第７世代型）よりも２世代も古い第５世代相当であり、２０２３年の今もなお半分以上の部隊で使われている。

自衛隊救命止血帯比較

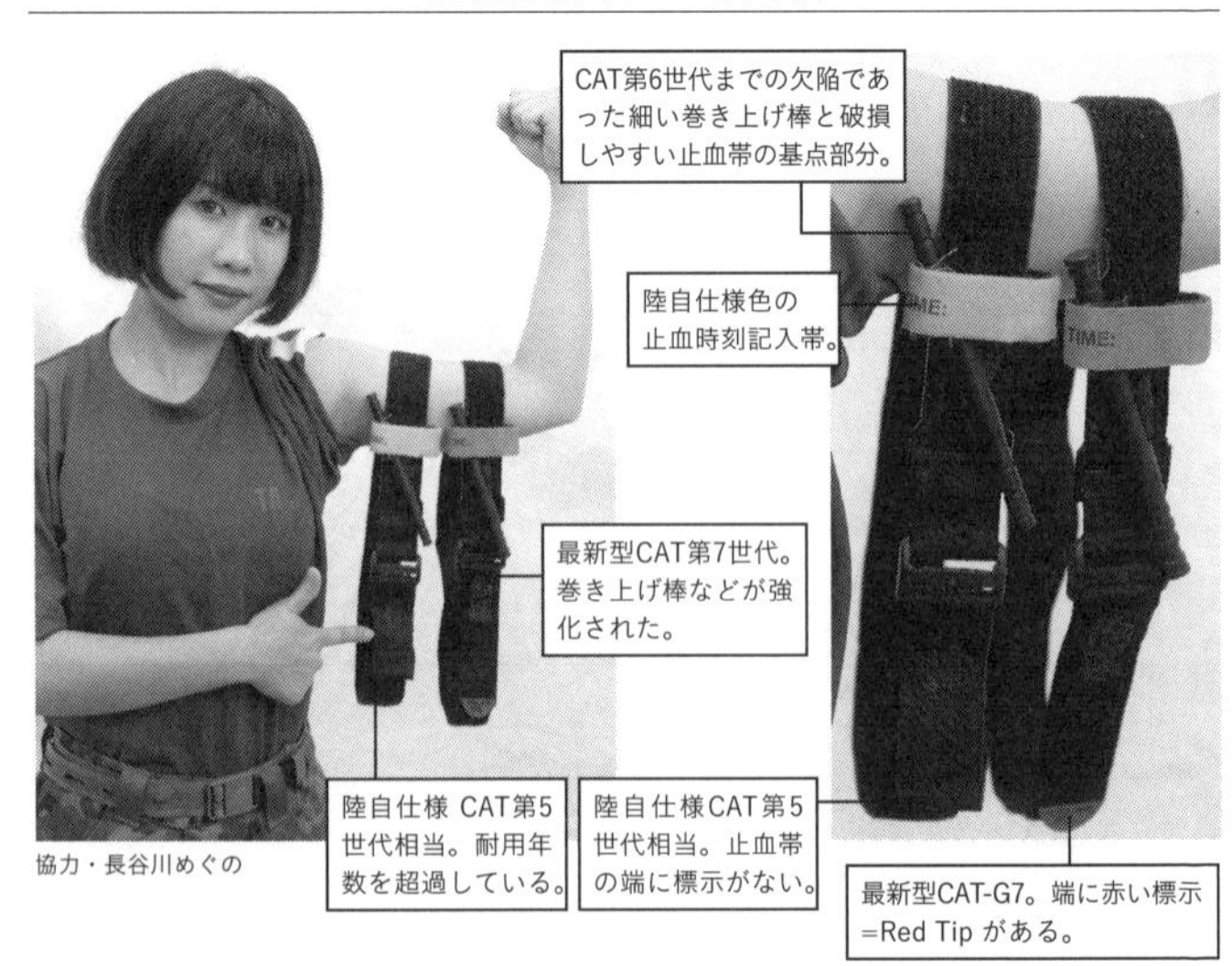

協力・長谷川めぐの

代表的な止血帯ＣＡＴは、特に今世紀に入り数々の改良がなされてきた。これはイラク・アフガニスタンにおける実使用によるフィードバックが活かされているためだ。いずれの改良も多くの戦死者を出した教訓によるものだ。

少し専門的な話になるが、ＣＡＴは緊縛機構がプラスチック製で、紫外線を浴びると劣化していく。特に破損しやすい部分は止血帯の基点部分の部品である。また、面ファスナーにより相互に接着された止血帯の端を視認しにくいということも致命的な欠陥だった。止血帯の端を素早く引くことができずに戦死した将兵が少なくなかったためだ。

そこで、プラスチック部品の材質を強化、止血帯の端を赤く表示した「第6世代」に改良された。「Red Tipモデル」として米軍以外にも世界中で使用されるようになり、2009年には民間市場で誰でも購入できるようになった。

陸自仕様のCATは2012年3月製造で、時期の上では「第6世代」なのだが、装着試験をしてみると第5世代相当の材質強度しかなかった。売れ残りの第5世代に、陸自仕様色（TANカラー）の止血時刻記入帯を取り付けただけなのではないか、と思われるほど性能の低いものだった。CATは単回使用が前提だが、陸自仕様は単回使用に耐え得るかさえ疑わしい。さらに右写真で女性が指差す部分を見てもわかるように、少し暗い場所では帯の端が全くわからない。しかも耐用年数は10年であり、現在半分以上が期限切れになっているのではないか。

なお最新型の第7世代は帯の端が赤いほか各部品が強化されており、陸自戦闘部隊の一部が装備している。

さらに大野議員はこうも述べている。

	解説	改善案	その他の使用法等
	救急品のすべてを収納するため、IEDの爆発などで一度にすべての救急品を失うおそれがある。最新型の救急品を収納するには容積が足りない。素材も弱すぎる。	止血帯を２本とも取り出し、それぞれを止血帯収納ポーチに入れて左右に分散させて携行し、携行袋は脚ではなく、攻撃を受ける方向から防弾ベストの陰になる位置に装着する。	止血帯を除く救急品は胴巻のようなものに収納して防弾ベストの内側に携行すると防護効果が最大となる（ドイツやイギリスなど）。
	CAT-G7（第7世代）は使用法に習熟するまでに70回以上の訓練を必要とするが、「殺人止血帯」と言われるほど緊縛止血後にはずれやすい。	止血帯を2本ともSAMターニケットに交換する。紫外線に強く、適正緊縛圧で自動的にロックする機能を備えるため緊縛止血時に間違えるおそれが極めて少なく、教育所要がCAT-G7（第7世代）の30分の1と少ない。	ヘルメットの偽装固定用バンドをゴム式止血帯RATSに変更すると小児の緊縛止血も行える。
	現行の４インチエマージェンシーバンテージでは圧迫止血能力、被覆面積が不足。	4m程度の滅菌ガーゼ包帯と対にして携行し、エマージェンシーバンテージの能力不足を補完する。ドイツでは20mもの滅菌ガーゼを携行。	OLAES Modular Bandageに交換すれば、3mの滅菌ガーゼ、1個の眼球保護具を補完できる。
	SAM Chest Seal with Valveはキャップの外し忘れによる緊張性気胸移行のおそれがあり「殺人チェストシール」と呼ばれ、製造元のSAM Medicalでも販売していない欠陥品。	SAM Chest Seal Valved 2.0に交換し、キャップの外し忘れによる過失を予防する。	SAM Chest Seal Valved 2.0はSAM Chest Seal with Valveの包装容積の厚さが半分であるため、救急品袋の収納力が増える。
	原文の説明書に「出血を制御する処置の代替となるものではない」と記述されているほど、止血効果が低い。他国軍隊が携行する包帯状止血剤の28分の1の面積しかない。	現行の10㎝四方の止血ガーゼではなく、止血効果のある包帯状止血剤を、標準的な大きさである幅7.5㎝長さ3.7mの量を携行する。	Xstatのような注入式粒状止血剤を用いれば、包帯状止血剤で止血が困難な骨盤部の銃創まで止血可能。
	コロナ禍以降、口対口人工呼吸法は廃止されたため携行不要。	用手人工呼吸法の教育をすべき。	
	本来、警察が粉状の薬物を調べるために黒色にした手袋であり、血液の付着が判らないため、感染予防には役立たない。	血液付着の視認が容易な明るい色の手袋に交換する（米軍では明るい灰色）。	米軍などの軍隊では通常の医療用手袋を採用しており、黒色などは使用禁止。
	分解可能で清潔に保つことが容易シートベルトの裁断も素早く行える。	傷口に刃先を突き入れるおそれがないい「引いて切る」方式の安全カッターの追加が望ましい。	マグネシウム合金と火打鉄によって火を起こせる。
	止血帯に同じ		
	1個のみでは、眼球の安静を保つことができない。また樹脂製のため、穿通性異物の固定ができない。	米軍が装備しているアルミニウム製のアイシールド2枚に交換し、それぞれを患側、健側に用いる。健側用にはテープを貼り、中央に孔を開けてピンホールとすれば視力を維持したまま眼球の安静が保たれる。	アルミニウム製アイシールドは変形させることにより、圧迫止血効果を高める沈子として使用可能。

図2-7　陸上自衛隊個人携行救急品の機能評価と改善案

区分		品名	必要性	用途	参考価格（税込）	評価
国際活動等の装備	平時の国内用装備	収納袋、個人携行救急品	救急品をコンパクトに収納・携行でき、かつ必要時、速やかに使用することが出来るようにするため。	救急品の携行	4314円	×
		止血帯、四肢用	四肢からの大量出血に対して、速やかに緊縛止血を行うため。	四肢の緊縛止血	3186円	×
		救急包帯、伸縮式（小型）	四肢等からの出血に対して、速やかに圧迫止血を行うとともに創傷部位を保護するため。	四肢等出血部位の圧迫止血及び創傷保護	993円	○
	国外用装備	救急絆創膏、胸部用（チェストシール）	銃創等により、胸壁に穴が開いた状態（開放性気胸）に対する応急処置（救急処置）を行うため	胸部開放創の閉塞	3899円	×
		止血剤含有X線造影剤入りガーゼ	四肢以外からの出血に対して、速やかに止血を行うため。	四肢以外の出血部位の止血	2770円	×
		人工呼吸用シート	口対口の人工呼吸を行う際の、感染防止を図るため。	人工呼吸時の感染防止	154円	×
		手袋	血液等の体液から感染防止を図るため。	救急処置時の感染予防	73円	×
		救急はさみ	処置を行うために創傷部位を露出させるため、被服等を裁断するため。	被服等の裁断	934円	○
追加品		止血帯（2本目）	止血帯に同じ			×
		アイガード、透明プラスチック製	眼球に対する外力からの保護と眼球の安静を保つため。	眼球の保護	130円（推定）	×

※「平成29年度版防衛白書」「外傷救護の最前線」（診断と治療社）などを参考に作成

〈例えば、全く自分たちが持っていない携行品について、普段から持っていないのに教育や訓練がすべての部隊でできるんですか。大腿部を撃たれたら、1分、2分で手当て（止血）しないと気を失って、その後30分どころか、大変重大な、深刻な結果を招くことになりますから、それだけ教育をするためにも、やっぱり是非とも必要なもの、それは先行して配布してほしいんです〉（カッコ内は筆者補足）

まさにこの答弁のとおり、「普段から持っていない携行品について、すべての部隊で教育や訓練をすること」は不可能である。

問題は止血帯だけではない。実に、陸上自衛隊の個人携行救急品の内容品のうち80％が図2－7の評価欄に「×」とある欠陥品だ。

銃撃を受けて肺に穴が開いた際に即座に塞ぐためのチェストシールや、感染防護用の手袋など、その性能によっては致命的な結果を招くおそれのあるもの、さらに、本来は「包帯状止血剤」であるべきなのに、10センチ四方しかない「止血ガーゼ」のように、量、質ともに全く役に立たないものすらある。

つまり、表にあるすべての内容品を支給されても、手足に受けたたった1カ所の銃創の止血すらできないのだ。この構成では、いくら使い方を学んでもいざという時の救命力はわずか５％程度だろう（１９０ページ図４－４参照）。内容品が隊員の救命を追求して選ばれたものではないことが明らかだ。

現代戦では約80％以上は負傷後30分未満で死亡、２時間未満では90％に達する。戦場では最前線の治療施設に到着するまで２時間以上要してしまうため、戦死の90％は治療を受ける前に発生している。自衛隊員個人の救急品と救急処置能力が充実していなければ、負傷時に生きて治療施設に辿り着くことができない。これほど重要な個人携行救急品でありながら表にある、追加品まで含めたすべてが陸上自衛官全員に支給されるようになったのは、２０１６年11月からの国連南スーダン派遣隊からだった。

当初、陸自の個人携行救急品には国内用、国外用に区別されて支給されていた。区分があること自体が問題であると報道で取り上げられ、有事の際には「国際活動等装備」が追加されることになった。しかし、救急品とは平素から備え、使用法に習熟しなければ効力を発揮しない。

筆者はこのことを『軍事研究』（２０１６年８月号）などで訴えた。平和安全法制により「駆け付け警護」などの任務が追加されることに伴い、これを大野議員が衆院予算委員会、参院予算委員会で取り上げてくれたのが、紹介した国会答弁だ。

この記事が取り上げられたことで、図２－７にある救急品のすべてが陸自の全隊員へと支給されるきっかけになったのだが、これはまだ「最低限やるべきこと」の第一歩が進んだに過ぎない。

■銃創の止血すらできない用品を配布

自衛隊員の陸自の個人携行救急品が欠陥品であることは、何も筆者の独断に基づくものではない。筆者は世界の主要な防衛展に出向き、各国軍の医療部ブースへの取材で陸自の個人用救急品についての意見を聴取した。アメリカのＩＭＳＨなどの医療展では医学の専門的視点から意見を聴取、国際標準野戦救護・治療教育を提供するＩＴＬＳ国際会議では、チェストシールの考案者である米軍の元軍医より毎年直接、救急品の説明と教育を受けている。

異口同音に受けた批判は、１カ所の手足に受けた銃創の止血すらできないことだ。１

00ページでも触れたが、軍用小銃弾は弾丸直径の30〜40倍の範囲を破壊するため、18〜24センチにもなる創口を「救急包帯」の4インチ四方のガーゼ面では被覆するだけでも面積が不足する。

しかも銃創は射入口と射出口と2カ所以上となり、他国軍隊では圧迫止血効果を高め、被覆面積を補うため、3・7〜20メートルのガーゼ包帯の携行を必須としているが、陸自の救急品にはない。最優先で追加支給すべき十分な長さのガーゼ包帯を2度の内容品追加でも行っていない。

また「止血ガーゼ」は他国軍隊が携行する包帯状止血剤の28分の1の面積しかなく、止血するには量が極端に不足しているうえ、原文の説明書には「出血を制御する処置の代替となるものではない」とあるほど止血効果が不十分だ。

防ぎ得た戦闘外傷死のうち、手足からの出血が占める割合は12％（詳しくは四章の図4－4）。止血帯は一時的に血流を遮断しているに過ぎず、緊縛止血の痛みに20分程度で耐えられなくなる。その間にガーゼ包帯と包帯状止血剤による止血法に切り替える必要がある。

ポケットつき万能三角巾

※特許出願中

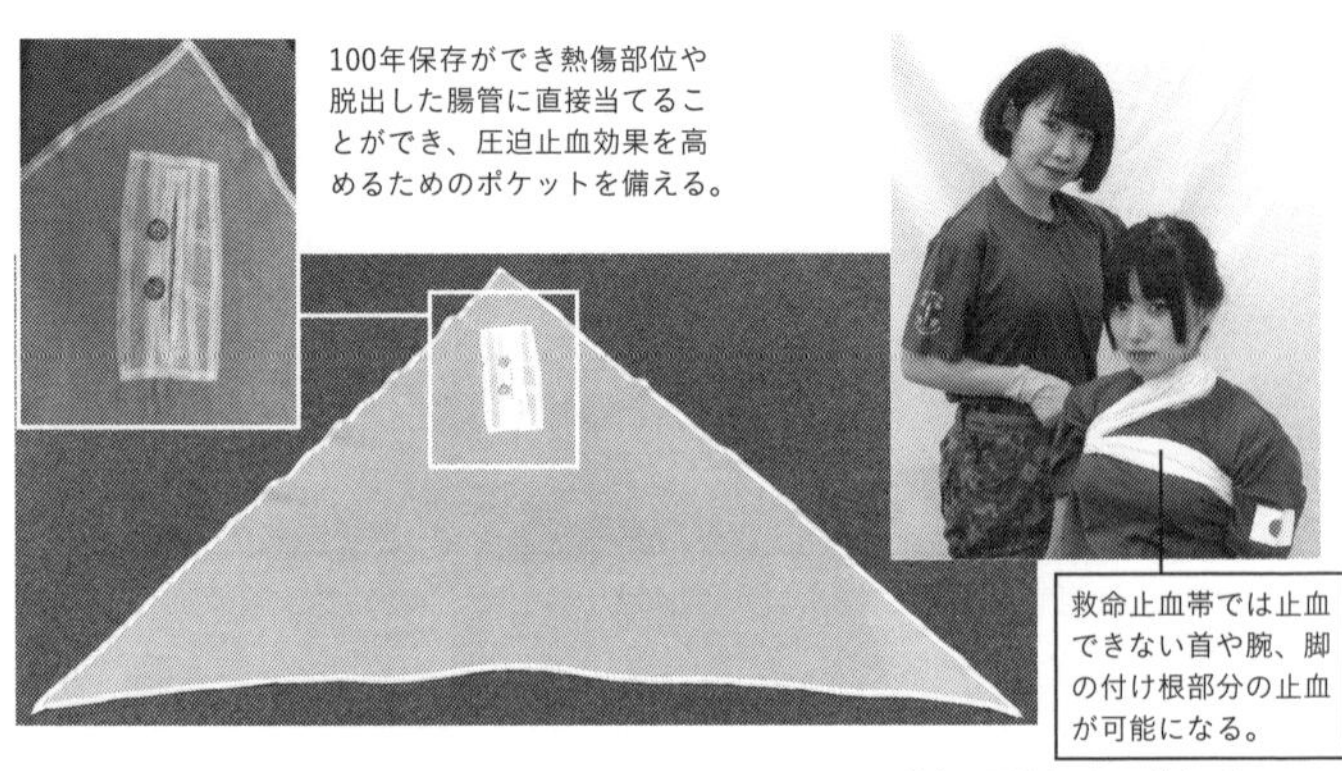

協力・長谷川めぐの（左）、秋元るい

同様に手足の付け根からの出血が占める割合は18%であり、これらには止血帯は効果がないため、ガーゼ包帯と包帯状止血剤による止血が頼りだが、陸自の救急品ではそれらの能力が不足している。

胸部に受けた穿通性外傷による緊張性気胸が占める割合は1%だが、これは正しくチェストシールの使用法に習熟していることが前提となる。

陸自のチェストシールは、使用法の誤りにより致命的となりかねない欠陥品だ。内容品の追加支給を始めた頃には最新型が発売されており、欠陥は解消され、包装容積も小さくなった。にもかかわらず、なぜ最新型を買わなかったのか。これほど効果に乏しい内容品を15万セット以上購入してしまったのは戦闘外傷研究を踏まえた内容品の選定をしていないことの証左だ。

２０１６年の国会答弁以降、翌２０１７年度からは内容品が10品目になった「個人携行救急品」は、２０１８年夏頃までには陸自隊員のほとんどに行き渡ったとみられる。

しかしその内容は70％近くが欠陥品であったために、さらに予算を追加し、不足の内容品を買い直すことになった。

懸念されていた欠陥品のひとつが、眼球保護具であるアイシールドだ。米軍など他国軍隊がアルミニウム合金製のアイシールドを使っている一方、陸自はポリカーボネート性のものを採用した。

ポリカーボネート製のものはアルミ製の５倍の強度があるが、アイシールドの使用は損傷した眼球の保護に限らない。アルミ製のものは、変形させたり穴を開けたりできるので、圧迫止血の効果を強化することもできる。ところがコロナ禍の影響により輸入できなくなり、今さら買い替えもできない。

航空自衛隊の個人携行救急品は進化に逆行してしまっている。航空自衛隊は、個人携行救急品として三角巾を支給していたところ、４インチガーゼ一体型伸縮包帯へと変更した。本来であれば三角巾に、緊急圧迫止血用包帯や救命止血帯などを追加すべきところだが、そうはしなかった。

他の先進国では、第一次世界大戦から使われている三角巾を進化させながら使い続けている。三角巾は、損傷部位を保護する部分は面積が大きく、縛るところは次第に細くなるため、曲面でできている人体にフィットさせるには非常に便利だからだ。

三角巾には100種類もの使用法があり、そのうちのひとつが緊縛止血である。しかし伸縮包帯では緊縛止血は行えないため、止血能力に限界がある。

「防ぎ得た戦闘死」の多くが大量出血であることを考えると、空自の携行救急品の変更は失敗と言わざるを得ない。

■戦地では使い物にならない防弾チョッキとヘルメット

自衛隊の装備品は、個人用救急品以外にも問題が尽きない。隊員の生命、身体を守る第一歩である防弾チョッキ、ヘルメットも「欠陥品」に近い。

防衛装備品である「戦闘防弾チョッキ」は「装備移転」として、戦地ウクライナに支援品として供与されている。だが、防御能力は極めて低い。そのためか、ウクライナから流出した自衛隊の防弾チョッキは、ロシアのネットオークションに出品され、アメリカ人コレクターが落札、その顛末がＳＮＳで公開されるに至った。

武器輸出三原則を変更してまで供与を決定し、それでも流出した場合は「他国の市販品と同様の防護性能」であるため、問題はないとされたが、最新型の弱点が露呈してしまった。

防弾チョッキは防弾プレートに相当する「防弾チョッキ付加器材」のカバーが露出した防弾素材にテープで留められている粗末な作りであり、防護能力は推して知るべきものだ。

さらにヘルメットにしても、類似品が存在するため、防衛装備品の「軍用ヘルメット」に該当しないと政府は判断して「88式鉄帽」を供与している。

だが「88式鉄帽」は側面からの衝撃に対する防護力がない、着用者の首の骨折を防ぐ顎紐の解放装置がないなど、構造からしても、見た目からも、その防御能力は明らかにヨーロッパの保安帽にすら劣るものだ。

米軍と自衛隊の防弾プレートの外装の違い

米軍　ESAPI: Enhanced Small Arms Protective Insert

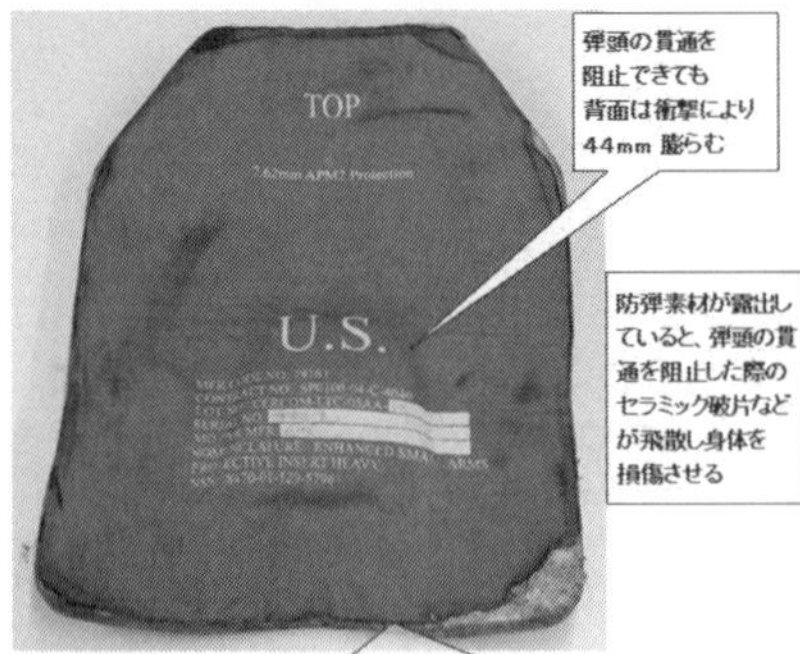

外装が堅牢であるため、弾頭の貫通を阻止した際のセラミック破片などの飛散を防止する

防護レベル　NIJ　防弾　レベルⅣ以上
7.62mm 徹甲弾3発の貫通を阻止する
重量約3kg

戦闘防弾チョッキ3型(改)用付可器材

表層のセラミック層を包む簡単な黒いビニルを背面の芳香族ポリアミド繊維層側に巻き込み、透明テープで貼り付けた、簡素な作り

米軍と自衛隊の耐破片ヘルメットの防護力と内装の違い

米軍　ACH(Advanced Combat Helmet)　　陸上自衛隊耐破片ヘルメット(88式鉄帽)

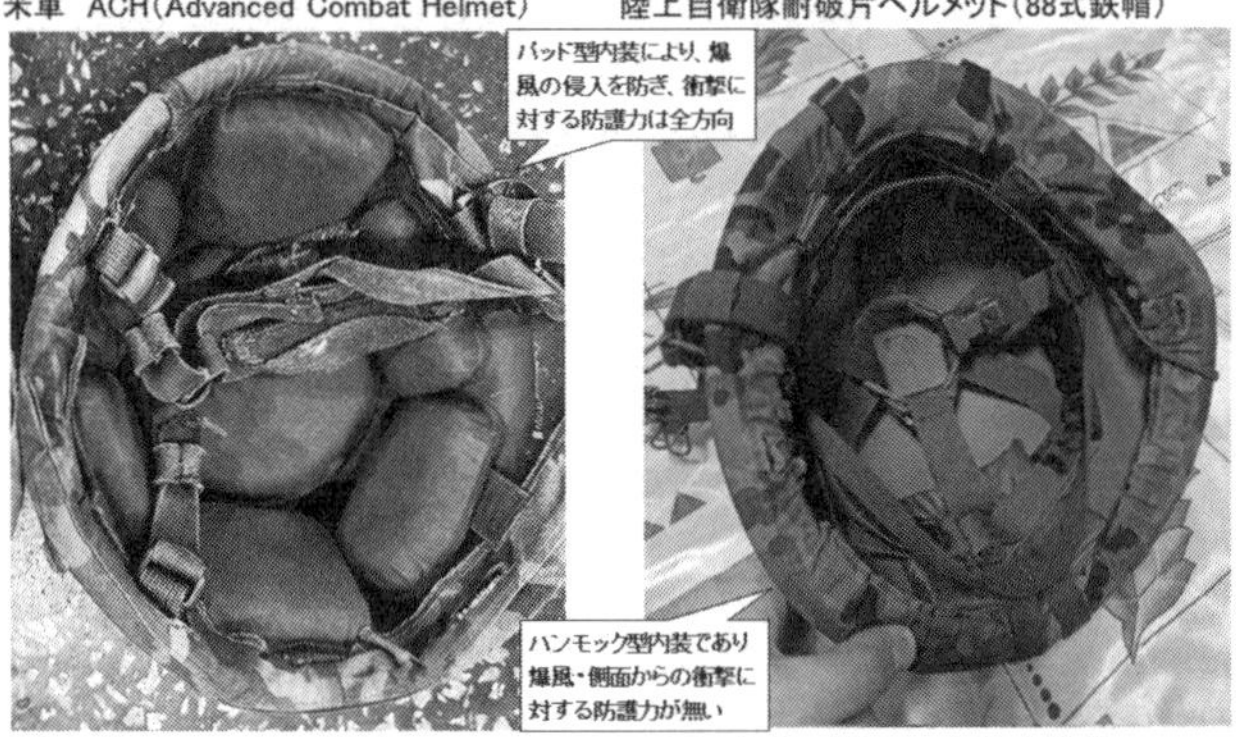

重量　約1.6kg　Lサイズ相当
防護レベル＝米NIJ規格による防弾性能Ⅲ-A
(距離5mからの44マグナムSJHP弾6発の
貫通を阻止する)
防護レベル　爆発物の破片の貫通を阻止

重量　約1kg（推定）　大サイズ相当
防護レベル＝爆破物の破片の貫通を阻止する

写真：左／著者、
右／流出品の掲載が疑われるtwitter JSDF.USより

筆者は２０２２年６月12日から６月17日の間、フランス共和国のパリ・ノール・ヴィルパント展示場にて開催された国際的な防衛・安全保障展示会Eurosatory2022（ユーロサトリ）にて、ウクライナのブースを取材し、自衛隊の防弾チョッキ、ヘルメットについて実際の評価を問うてみた。

「その軽さに最初は驚いたが、防弾プレートは銃弾が抜けてしまい、防弾ヘルメットは爆発物の破片の貫通は阻止するものの、大きくへこむ」という回答だった。それならば装備せずにネットオークションで売却して、お金に変えたほうが良い、となるのは、やむを得ない。使われず売りに出されていることは防護性能が劣ることを実証しているようなものだ。

しかもそれは、陸自の第一線部隊に普及すらしていない最新型なのである。

その上、ウクライナに与えっぱなしで、現場からの評価（フィードバック）を受けて改善しようという姿勢もない。これでは、日本は国際的信頼を失うばかりで、チョッキやヘルメットの改善にもつながらない。

「日本の装備品はこの程度か」「ウクライナという、役に立つものなら何でも欲しがるはずの戦地でも、不要だとネットに流されてしまう自衛隊の装備品」という形で、その実態が世界中に流出してしまったのであるから、実際の防護性能については公開実験を行い、不備があれば早急に改善すべき危機的状況にあると言える。

■世界の緊急救命行為から立ち遅れる「衛生三悪」の実態

これだけでも相当に深刻な状況だが、さらに深刻なのは内容品が増えても使用法教育が行われていないばかりか、救急法検定も満足に更新されていないことだ。かねて自衛隊内部では「与えない、教えない、示さない」の「衛生三悪」と言われてきたが、与えたものも不十分で使用法も教えていないのであれば、何も改善されていないに等しい。

例えば、少し専門的になるが自衛隊では有事緊急救命行為として「輪状甲状靭帯切開・穿刺」を准看護師と救急救命士の両方の資格を持つ自衛隊衛生科隊員に教育するようになったが、現在、世界では輪状甲状靭帯穿刺は行っていない（穿刺はベンチュリ効果により呼吸を補助する処置）。

「輪状甲状靭帯切開」とは、血液など異物による気道閉塞、血管浮腫、重度の顔面外傷などの生命を脅かす状況において、気道確保を目的として皮膚と輪状甲状靱帯を切り開くもので、針で孔を穿つ穿刺とは別の処置だ。同一の処置とする誤認識から事故が多いこと、切開器具の進歩から、2016年以降は穿刺は行われなくなった。

自衛隊では有事緊急救命処置として輪状甲状靱帯切開を教育するものの、最新型の野戦用器具を用いず、手術室での方法を教えている。縫合によるカニューレ（管）の固定と密閉を許可・教育していないので、傷病者の輸送時にカニューレが外れてしまいかねない。密閉度が低いと不潔な空気が声門下に入り込むため、その場では命が助かっても後に肺炎になるリスクが高まるのだ。

なぜこのような世界とのずれが起きるのか。

筆者が陸上自衛隊に入隊した1995年当時、北海道の陸上自衛隊員は旧ソ連の脅威もあり、日本赤十字社救急法と同じ内容を教育され、筆記試験、実技試験が課せられており、救急法能力は高かった。しかし、全国で救急法検定が統一されておらず、地域により救急法能力に大きな差があった。

救急法検定が全国統一されたのは東日本大震災の発生する1年前のことである。それ

陸上自衛隊ベルトによる代用止血帯破損の問題

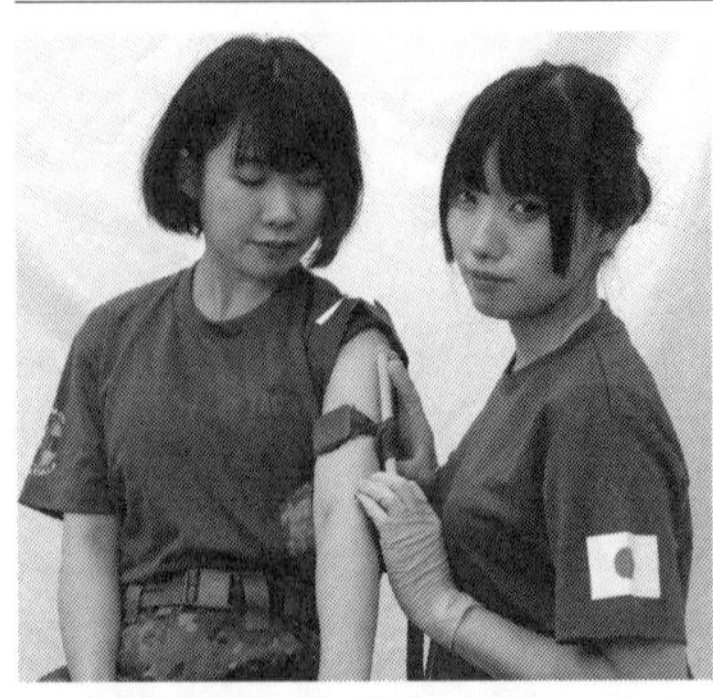

手足を負傷したならば、負傷者自身の戦闘服・迷彩作業服のベルトを外して患肢に巻きつけて棒を入れて緊縛止血を行う

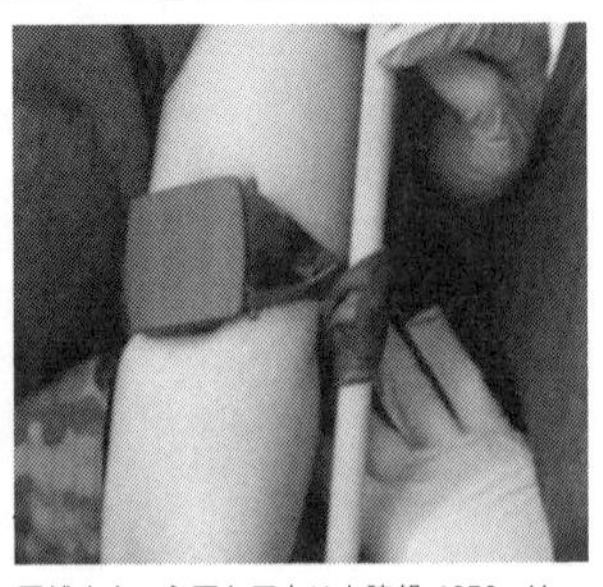

緊縛止血に必要な圧力は上腕部で250mmHg、大腿部で350mmHg
必要であるが、戦闘服・迷彩作業服のベルトのバックルはプラスチック製であり、上腕部の緊縛力にも耐えられず破損する。米国海兵隊も湾岸戦争後から救命止血帯装備化まで、ベルトによる止血帯を教育していたが、バックルが金属製だったため充分な強度があった

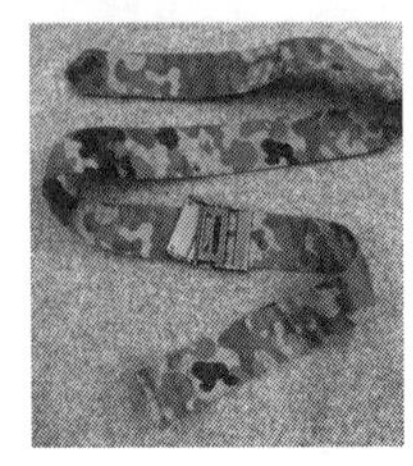

陸上自衛隊戦闘服・迷彩作業服のベルト
イラク、アフガニスタンでの戦傷病の統計において、1人の負傷者には止血帯が2.55本必要あることが判明している。ベルト1本では必要量の半分にも満たない

緊縛止血法により破損したバックル

協力・長谷川めぐの（左）、秋元るい

も、最も充実している地方の救急法検定に揃えるべきところを、緊縛止血と心肺蘇生の実技試験のみにしてしまい、筆記試験もなくしてしまった。以降、陸自隊員は包帯が巻けなくなり、骨折部位の副子固定ができなくなり、救急法能力は低下する一方となった。

しかも当時、陸上自衛隊は既製品の止血帯を装備しておらず、１１８ページの写真にあるように２０１３年の陸上自衛隊の緊縛止血法教育は、

航空自衛隊が装備したMAT Responder Tourniquet

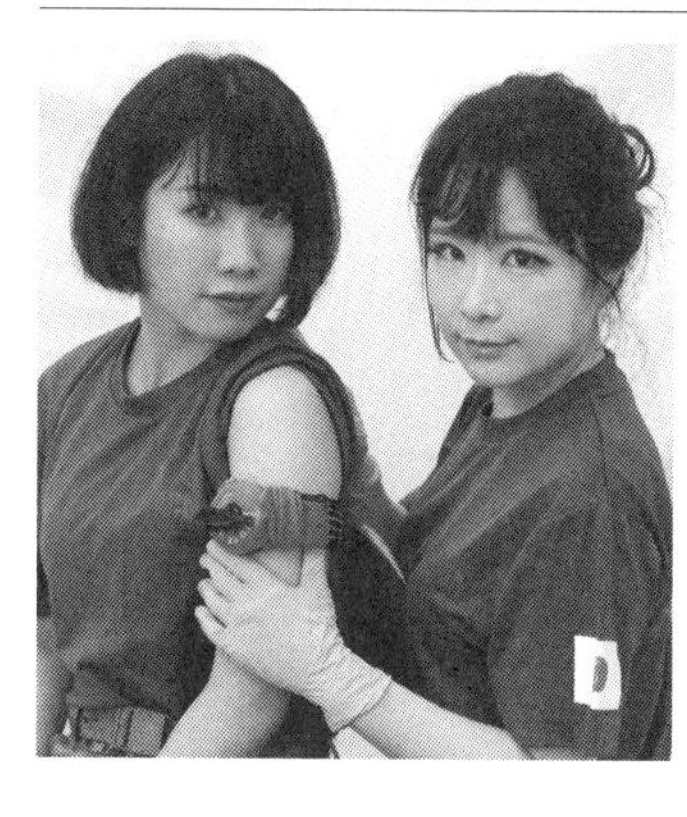

止血帯を巻き上げて緊縛する機構に特徴があり、指先の力で緊縛ができ細かな調節も可能である。しかし、止血帯が巻き上げ機構から容易に外れてしまうなど第一線で使用するには使い勝手が悪く、軍用の救命止血帯としては普及しなかった

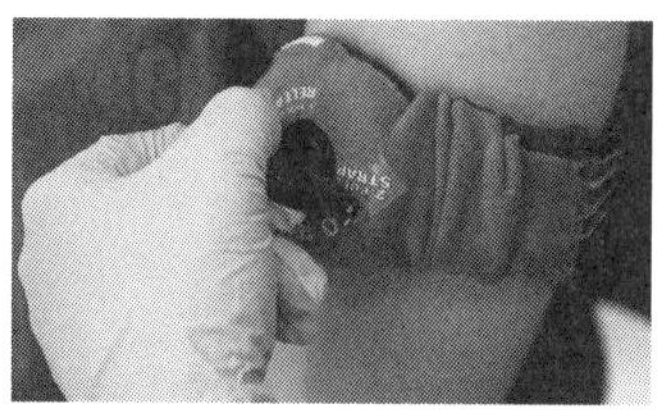

止血帯と緊縛機構との接続が細い糸で繋がれており、容易に破損するおそれがある

協力・長谷川めぐの（左）、李マリ

手足を負傷した際にはズボンのベルトを外してペンなどを用いて緊縛止血を行うことを本気で実技検定化していた。米軍では２００４年に三角巾と棒などの応急資材では緊縛止血能力が劣ることが明らかとなり、２００５年から既製品の止血帯（ＣＡＴ）を支給し始めたにもかかわらず、である。

当然ながらズボンのベルトは緊縛止血を行うためにつくられたものではないため、止血に必要な緊縛力を加えると容易に破損し、全く使い物にならなかった。ベルトを用いる緊縛止血を制度化する前に、陸上自衛隊衛生学校で研究や実験をしていればこんな止血方法を教育することはなかっただろう。

筆者は２０１３年9月に、ある普通科連隊で衛生小隊がベルトを用いる緊縛止血法を教育している場面を目にしたことがある。衛生小隊隊員がベルトを外して緊縛止血を行う展示を始めたとたん、教育を受ける戦闘職種の隊員から「普通科（歩兵に相当）隊員の命を何だと思っているんだ！」と非難の声が浴びせられた。説明している衛生小隊長も「私たちも、こんなことを教えたくありません」と応えていたことを記憶している。

実効的ではない施策のために犠牲になるのはいつも第一線の隊員である。２０１７年度から、陸上自衛隊の個人携行救急品には既製品の止血帯が２本になったほか、内容品が充実したが、いまだにたった１カ所の銃創の救急処置もできない状態だ。第一線の救命は進歩どころか低下しているのが実情と言える。

問題は陸上自衛隊だけではない。航空自衛隊では、一部の部隊がMAT Responder Tourniquet（１１９ページ写真）という止血帯を導入したが、これもまた世界では病院前救護において用いられることはなくなった。現場で用いるには致命的な欠点があり、力を必要としないものの、容易に破損してしまい、緊縛が解除されてしまうためだ。

■第一線救命に焦点が当てられていない？

日本の病院前救護において救急車に搭載すべきは、緊縛が容易で四肢への負担も少ないラチェット式止血帯ＲＭＴで、米軍では２０２０年から併用している。

ＲＭＴはほかにも、頚椎や骨盤損傷の安定化にも使用できる。海外ではＣＡＴに代表されるウィンドラス式は微調整できないため、一般市民が用いるものとの位置付けで、救急隊ではＲＭＴを用いてポケットエコーで観察しながら神経の損傷が最小になるように微調整して緊縛止血を行う。救命からさらに踏み込んで、手足の機能をできるだけ残すためである。

ポケットエコーは現場の救命のために極めて重要なツールとなり、ｍｉｒｕｃｏ（ミルコ）のように価格が20万円台のモデルも登場した。

これほど有効視されているにもかかわらず「防衛省・自衛隊の第一線救護における適確な救命に関する検討会報告書」にも、最近発売された「外傷救護の最前線」のどちらにも、ポケットエコーに関する記述はないに等しい。海外での第一線の救命についての研究があまりにも不足していると言わざるを得ない。

そもそも、自衛隊の救命のためのさまざまな施策は、第一線の救命の実現には焦点が当てられていないと言ったほうがいいかもしれない。

当然、自衛隊内部には救急処置能力を重視しようと努める部隊長や衛生科隊員もいるのだが、「わが部隊で高度な救急法訓練を施したとしても、その隊員が異動で他の部隊の配属になった時、そことの違いで本人が困るので、全国で統一されている緊縛止血法と心肺蘇生法の2課目のみにすべき」と信じられないような理由で反対され、要望が実現されないことがよくあるという。

現在の「与えない」「教えない」「示さない」の「衛生三悪」がいかに罪深く、日本に危機をもたらしているか、もっと周知されるべきだ。

■たった5日間の訓練で、一体何ができるのか

組織というものは大きければ大きいほど、さまざまな理由を考えては問題解決を先延ばしにしたり、できない理由、やらない根拠を挙げるものだ。だが救急救命士や看護師の教育、訓練に関しては、隊員の生命に直結する大問題である。

2015年10月1日、厚生労働省医政局看護課長通知「看護師等が行う診療の補助行為及びその研修の推進について」が出された。これにより「防衛省・自衛隊の第一線救護における適確な救命に関する検討会」への疑問の声が出た。

通知には、看護師及び准看護師は、診療の補助行為として医師または歯科医師の指示のもと、救急救命士の独占業務と思われていた経口用気管チューブの挿管が「従前からできる」と記されていたためだ。

救急救命士免許は、看護師の業務独占の一部が行える資格であるので当然とも言える。だが、通知を根拠とするまでもなく、現在2000人近くいる准看護師は戦闘部隊にも配置されてきたのだから、自衛隊独自で標準化教育をしておけば、検討会そのものが必要なかったのではないかと、検討会座長が雑誌に寄稿するほどだった。

他国の救急法訓練についての過小評価や勘違いも散見される。戦闘職種の救急法能力は戦力維持に深く関わるものなので、実際を知るには相当な努力が必要である。

2016年5月に福島県郡山市で開催された、第19回日本臨床救急医学会総会・学術集会では自衛隊中央病院の救急課長が米軍のCLS(Combat Life Saver)養成について

「少しの訓練、5日間で針脱気ができるようになる」と発言していたが、CLSの養成を簡単に考え過ぎている。

CLSとは、米軍の戦闘員に高度な救急処置訓練を施し、戦闘員自らが実施する救急処置とMEDIC（衛生特技軍曹）が行う応急処置の間をつなぐものである。米軍では少なくとも最小戦闘単位である4人に1人がCLS特技を保有するように努めている。

米軍全員ができる救急処置とCLSの違いは「胸腔穿刺」と、BVM換気などのMEDICの介助のみなので、確かに短期間に養成できそうに見える。しかし、実際のCLS課程は運転免許試験場のようなもので、各部隊で訓練を受けた候補者が、連続5日間行われる筆記試験と実践的な実技試験を課されることで、習得している救急処置技術が実際に運用できるレベルにあるかを評価され、認定を受ける。

陸上自衛隊には戦車と装甲車にごく簡単な車載救急品を備えているだけだが、米軍には戦闘員の4人に1人がCLS専用のバッグを携行し、車両には担架を中心とした部隊用救急品が備えられている。

この要員と部隊用救急品の構成は各国とも似ており、第一線での適確な救命を実現するために大きな効果があるのは、ＣＬＳ制度と部隊装備救急品の充実であることの証左だ。救命もまた、求められるものは「数」なのである。

■米軍が「血を流して得た」教訓になぜ学ばないのか

事程左様に、他国の状況と比べると、自衛隊の置かれた状況はいかにもお粗末だ。

米軍について言えば、「防ぎえた戦闘死」、つまり受傷直後に適切な対応ができていれば隊員の命が助かったケースのうち、ベトナム戦争ではその33％を緊張性気胸が占めていたが、それから50年後の対テロ戦争時には１％まで減少させている。

「戦闘による防ぎ得た死亡」においては、「四肢からの出血」「胸部に受けた穿通性外傷による緊張性気胸」「気道の損傷または閉塞」が主要原因だった。これらは適切な対応により救命することが可能なため、先進国の軍隊では、将兵各個人が実施する救急処置の技能として教育を徹底している。

２０１２年以降はさらに胸部外傷、骨盤部の外傷、首と手足の付け根からの出血の止血にまで拡大している。

「四肢からの出血」については、受傷後2分程度で失血死してしまうこともあるので、個人が止血帯を2本以上携行し、装着する訓練を徹底するようになった。しかし、止血帯により血流を制限してしまうと、阻血痛が生じ、それは創傷の痛みよりも痛く感じるほどで、20分と痛みに耐えられない。

そこで、包帯状止血剤や圧迫止血用包帯などによる止血法へ切り替えるための技能が必須となる。止血帯による緊縛止血法以外に出血を制御できないとしても、患肢の長さをできるだけ残せるように止血帯を装着し直す。

このように、現代の戦闘外傷救護が追求するものは「LLE」と目標が定められている。

・L　**Life**「生命を守れ」
・L　**Limb**「手足を残せ」
・E　**Eyesight**「視力を残せ」

つまり、「生命を守ること」は当然ながら、手足や視力を残すことで、その後の「生活の質を少しでも高く維持すること」まで踏み込んでいるのだ。

例えば、脚を切断することになった場合、少しでも負傷した脚の長さを残すことができるか否かで、車椅子生活になるか、義足による自立歩行が可能か、帰還後の人生に大きな差が生じてしまう。

これを左右するのは、負傷した直後の救急処置の適否だ。戦場ではＭＥＤＩＣのような医療の専門家による応急処置を受けることは期待できないため、負傷者自らまたは戦闘員相互による救急処置が極めて重要となるからだ。

前述のように、高速弾銃創は肝臓で弾丸直径の40倍、筋肉組織では30倍に達することがある。手足は防弾ベストやヘルメットなどで防護することができない一方、大きな筋肉を動かすための太い血管があり、血流量も多いため、大腿動脈と静脈が完全に離断した場合、３分程度で死亡してしまう。しかし、即座に止血を行い、それが適切であれば90％、失血死を回避できる。このため、各国とも手足の銃創の救急処置から整備を始めているのだ。

米軍の救急品は、２００４年のイラク、ファルージャの戦いで、三角巾と棒による緊縛止血法では効果がないことが判明したことから、止血帯と顆粒状止血剤、ガーゼ包帯、圧迫止血用包帯のパッケージが米軍将兵に緊急で支給された。

アメリカでは南北戦争以来、「負傷者の運命は最初に包帯を巻く者の手に委ねられる」（ニコラス・セン医師）として語り継がれている。

こうした観点から、米軍はベトナム戦争以来50年かけて戦闘による死亡者を減らす努力をしてきた。

主に効果を発揮したのは「ＢＵＲＰ法」を教育したことだ。具体的には「胸部に穿通性外傷を負った場合、清潔なプラスチックフィルムを一方弁になるように貼って傷を塞ぐ」「具合が悪くなった場合、めくって脱気する」ことなどを意識付けた。

これには法改正も物も必要としない。直ちに実行できることだ。「隊員の命を第一とする」施策はこうしたことを言うのではないか。

アメリカはまさに文字どおり、血を流して得た教訓を活かしている。日本は自ら血を流さずして得られる教訓がありながら、学ぼうとしない。

■自衛隊の装備はキルギスやスリランカ以下

米軍ほど潤沢な予算を持っていない国でも、安価ながらも実効的な救急品の整備を行っている。

例えばスリランカでは、高価な包帯状止血剤を整備することはできないので、ガーゼ包帯と脱脂綿で代用している。ガーゼ包帯を銃創の出血している場所に接触するように詰め込み、脱脂綿で容積を稼ぐのである。こうすれば、綿を包帯に加工する費用まで節約しながら救命を実現できる。

銃創の深さは13センチほどにまで至ることがあるため、ガーゼは何度も入れ直さなければならない。長さは、少なくとも4メートルが必要となる。米軍の今世紀初期の個人用救急品には4メートルガーゼ包帯が2個、圧迫止血用包帯が2個入っている。1カ所の銃創には銃弾が入った創と出た創の2つがあるので、この数も当然と言える。

一方で、わずか10センチ四方の止血ガーゼと1個の圧迫止血用包帯しか支給していない陸上自衛隊の個人携行救急品では、1カ所の銃創の止血もできないのである。

止血帯についても世界の最前線で使用されるCATが開発されたのは2005年のこ

とだ。当時は幅広のゴムによるエスマルヒ止血帯が、歴史があり効果があることも判明していたので、これを使用しやすいように金属製フックを取り付けたものを米軍は支給した。このゴム紐止血帯は1000円程度とCATの半額以下なので、大量に支給できたのだ。

キルギスやスリランカなどはさらに安価に、既存のエスマルヒ止血帯に輪を作って抵抗がかかるように工夫した。これなら300円程度で実効的な止血帯となる。個人用救急品において最優先すべきは隊員の生命である。予算に乏しい国でも実効的な方法を陸自の個人携行救急品の予算の10分の1以下で実現している。

その一方で陸上自衛隊は戦闘服のベルトを止血帯の代用とする、バックルが破損して全く役に立たない教育を行っていたのだ。スリランカなどの例と比べれば、日本はまともな調査・研究すらしていないと言わざるを得ないだろう。

■「効率的な殺人」の技術が格段に向上している

現代戦闘とは「効率的な殺人」にほかならない。その一方で、負傷者の救出、救助、救命、救護、治療は1人ずつ行うほかに方法はない。効率的な殺人と救命との間には決定的な差があり、今後、たとえ医学がどれだけ発達しようとも、この差は拡大していく一方である。

さらに大量破壊兵器が用いられた場合は、この差は途方もないほど大きなものとなる。現代の戦場でどのように生き残り、最大多数の最大救命を行うかについて考察する際は、常に現代戦闘の殺傷力と医療の救命力との間の著しい能力差を念頭に置くことが必須となる。

戦争のみならずテロもまた、実行者の目的を達成するために最大多数の殺傷を追求する。そして、兵器の殺傷力に加えて命中精度も著しく向上している。

1945年3月10日に米軍が行った東京大空襲では、300機以上のB29戦略爆撃機で地上を嘗め尽くすように1平方メートル当たり3発、総重量2000トンの焼夷弾を投下した。また、同4月1日に米軍が行った沖縄本島への上陸作戦では、上陸準備の艦砲射撃として中部西海岸南北13キロの海岸線90平方メートル四方に25発以上の密度となるように計算したうえで、約10万発の砲弾を7日間かけて撃ちこんだ。

だが現代戦で使用する砲弾は、発見した目標に対して2〜3発で仕留めてしまうほど命中精度が向上した。GPS誘導式近接信管は、目標の直径10メートル以内に正確に命中するほどだから、狙われたら最後、正確に自分のいる場所の頭上から雨あられと真っ赤に焼けた砲弾の破片が、秒速約4000メートル以上の速度で降ってくるうえ、爆風にも熱にも曝される。

筆者は毎回、国際的な防衛・安全保障展示会「ユーロサトリ」を取材しているが、2022年の同会はロシアによるウクライナ侵攻のさなかという、まさに「戦争中」に行われた展示会となった。ユーロサトリで、最新の軍事に触れるたびに痛感させられることは、現代戦闘における殺傷効率の著しい進歩だ。戦争映画でよく描かれるような、「伏せていれば砲弾や爆弾の爆発から身を護れる」という認識は過去のものだ。

例えば、砲撃に対して従来のような伏せ方をすれば、手足を失うことになるように、現代戦闘とは想像をはるかに超えるほど凄惨である。こうした状況下で、兵士の命や四肢を守るために各国は常に研究・改善を怠らないのは当然のことだろう。

■「兵士にとっての最高の福利厚生は訓練」

「兵士にとっての最高の福利厚生は良い訓練を施すことにある」

これは、ドイツ帝国宰相オットー・フォン・ビスマルクの言葉だ。優れた救急法の訓練を施すことが、自衛官や警察官などの危険に直面する職業にとって優れた福利厚生である。

筆者は2016年10月、アメリカで「国際標準野戦救護・治療コース」を受講したが、イラク、アフガニスタンでの米軍の戦死者は、2021年の撤退までの間に7057人、社会復帰に支障を来すほどの重症外傷を負った負傷者はイラク戦争だけで1万2899人、アフガニスタンでは8000人(米国防省推定)で、多くのアメリカ国民にとって戦争とは「増税と遺体袋」でしかない。

戦争に関われば大きな損失を伴うことを認識する必要がある。例えば、ベトナム戦争(1955~1975年)に投入した米軍勢力は54万8383人で、5万8718人の戦死者と約2000人の行方不明者、負傷者を加えて30万人を超える人的損失を出した。

さらに、ベトナム戦争を生き残ったにもかかわらず、帰還後に自殺した将兵数は戦死者数を上回る。アフガニスタンに従軍した現役の軍人、退役の軍人で自殺したケースは、実に3万人以上にも上ると言われている。

心的外傷後ストレス障害（ＰＴＳＤ）の続発は、自殺のほかに多くのホームレスも生んだ。ベトナム戦争は主にジャングルで戦われ、ＰＴＳＤを抱えるベトナム戦争帰還将兵は都市部でホームレス生活を送ることとなった。森を見ると戦争の記憶が蘇るためだ。

一方、イラク、アフガニスタンでの戦闘帰還将兵は、都市部に住むことができなくなり、森に住む傾向にある。戦闘が主に都市部で行われたからだ。都市で生活するホームレスは経済活動に関わることができるが、森に引きこもるホームレスは経済活動に良い影響を与えることがほとんどない。

国の屋台骨・若年人口の経済力の弱体化が進行してしまう。ＰＴＳＤは犯罪の増加や薬物乱用も促す。戦争がいかに「高くつく」ものかを認識し、今後の日本のあり方を決めていかなければならない。

救急法について徹底して訓練を施すことは、生命や四肢を守るだけでなく、ＰＴＳＤ対策にも大きな効果がある。瀕死の重傷を負った同僚を目の前にした時、自分が何も手を出せずに死なせてしまったならば、その記憶は後の人生に大きな精神的重圧となる。他方、自分が優れた救急処置能力を備え、手を尽くしたにもかかわらず、同僚の戦傷死を避けられなかったのであれば、自分自身を納得させることができる。すなわち、凄惨な記憶を整理することができるのだ。

もちろんデブリーフィング（カウンセリング療法）のような、集団で凄惨な記憶を呼び戻し、過去の記憶として認識させるメンタルヘルスも大切だが、それは後からの対策であり、その重要性について関心のない指揮官のもとでは徹底されないこともある。

これは、東日本大震災で災害派遣された自衛隊においても見られた。個人の救急処置能力が高いことは、メンタルヘルス上、有効であるばかりか、士気にも大きく影響する。いざ危険に直面した場合、自分を前へ進める勇気は自信から生まれるものだ。負傷した際に、自分たち自身で相当な救急処置能力を行える自信があれば、士気を高く維持できる。

にもかかわらず、なぜこうした自衛隊医療体制の構築が貧弱なまま、放置されてきたのか。それはひとえに、自衛隊のみならず日本政府、あるいは日本全体に「実際に有事

図2-8　終戦から防衛省移行までの日本国防衛力の変化

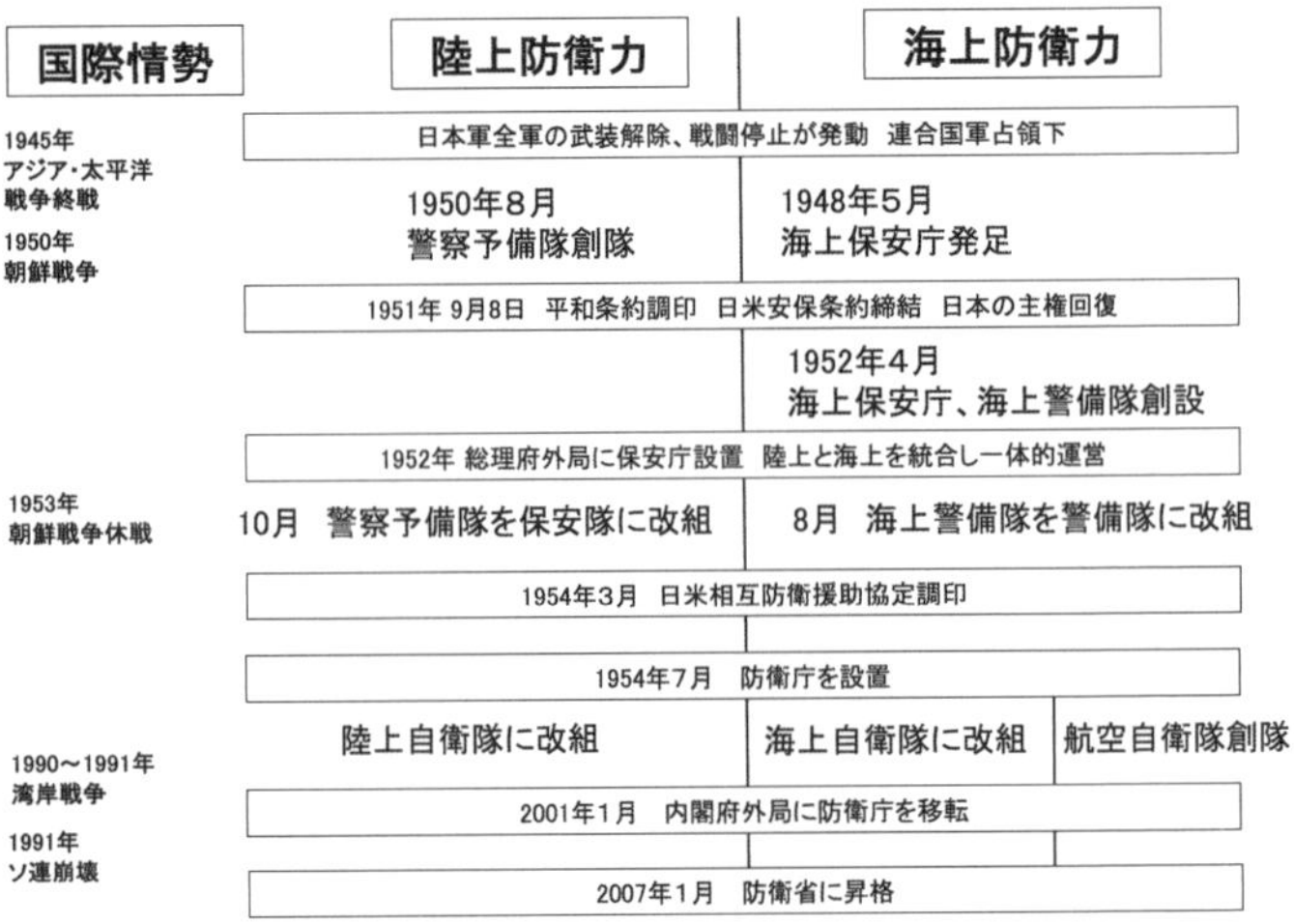

国際情勢	陸上防衛力	海上防衛力	
1945年 アジア・太平洋戦争終戦	日本軍全軍の武装解除、戦闘停止が発動　連合国軍占領下		
1950年 朝鮮戦争	1950年8月 警察予備隊創隊	1948年5月 海上保安庁発足	
	1951年 9月8日　平和条約調印　日米安保条約締結　日本の主権回復		
		1952年4月 海上保安庁、海上警備隊創設	
	1952年 総理府外局に保安庁設置　陸上と海上を統合し一体的運営		
1953年 朝鮮戦争休戦	10月　警察予備隊を保安隊に改組	8月　海上警備隊を警備隊に改組	
	1954年3月　日米相互防衛援助協定調印		
	1954年7月　防衛庁を設置		
	陸上自衛隊に改組	海上自衛隊に改組	航空自衛隊創隊
1990〜1991年 湾岸戦争	2001年1月　内閣府外局に防衛庁を移転		
1991年 ソ連崩壊	2007年1月　防衛省に昇格		

になることがあり得る」という意識が全くなかったからに尽きるだろう。さらに加えて、隊員の命に対する意識が希薄すぎる、と言わざるを得ない。

■変わり続ける国際情勢と、変わらない自衛隊

図2-8にあるとおり、筆者が陸上自衛隊に入隊した1995年頃まではロシア、中国、北朝鮮を敵として明確に意識していた。一国平和主義で、受動的かつ消極的な「防衛力整備（存在していれば抑止力になる）」の考え方だった。

1991年の旧ソ連崩壊から年数が経

図2-9　陸上自衛隊野外令「綱領」で見る日本の平和に対する考え方の変化

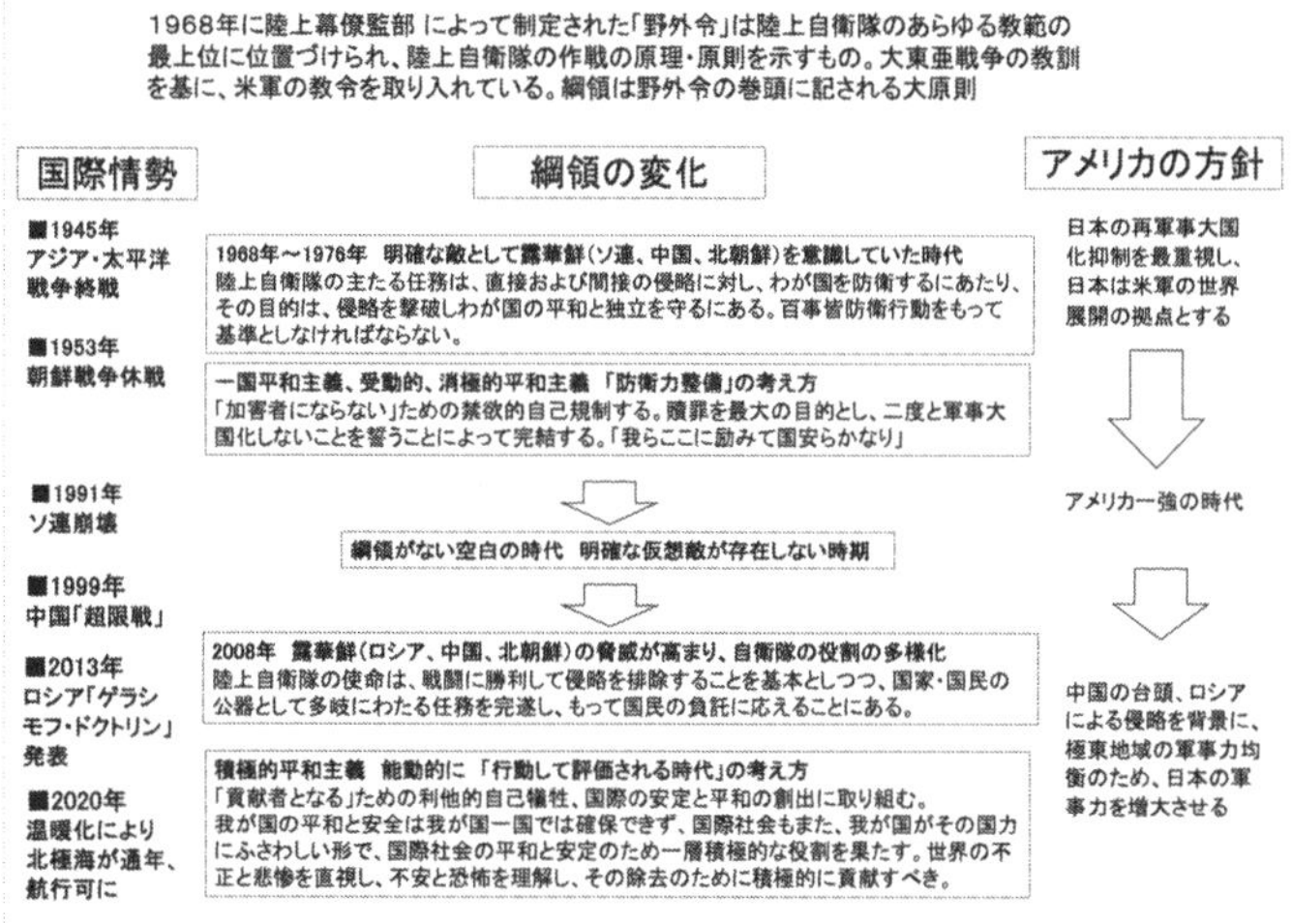

1968年に陸上幕僚監部 によって制定された「野外令」は陸上自衛隊のあらゆる教範の最上位に位置づけられ、陸上自衛隊の作戦の原理・原則を示すもの。大東亜戦争の教訓を基に、米軍の教令を取り入れている。綱領は野外令の巻頭に記される大原則

国際情勢

■1945年
アジア・太平洋戦争終戦

■1953年
朝鮮戦争休戦

■1991年
ソ連崩壊

■1999年
中国「超限戦」

■2013年
ロシア「ゲラシモフ・ドクトリン」発表

■2020年
温暖化により北極海が通年、航行可に

綱領の変化

1968年～1976年　明確な敵として露華鮮（ソ連、中国、北朝鮮）を意識していた時代
陸上自衛隊の主たる任務は、直接および間接の侵略に対し、わが国を防衛するにあたり、その目的は、侵略を撃破しわが国の平和と独立を守るにある。百事皆防衛行動をもって基準としなければならない。

一国平和主義、受動的、消極的平和主義　「防衛力整備」の考え方
「加害者にならない」ための禁欲的自己規制する。贖罪を最大の目的とし、二度と軍事大国化しないことを誓うことによって完結する。「我らここに励みて国安らかなり」

↓

綱領がない空白の時代　明確な仮想敵が存在しない時期

↓

2008年　露華鮮（ロシア、中国、北朝鮮）の脅威が高まり、自衛隊の役割の多様化
陸上自衛隊の使命は、戦闘に勝利して侵略を排除することを基本としつつ、国家・国民の公器として多岐にわたる任務を完遂し、もって国民の負託に応えることにある。

積極的平和主義　能動的に 「行動して評価される時代」の考え方
「貢献者となる」ための利他的自己犠牲、国際の安定と平和の創出に取り組む。
我が国の平和と安全は我が国一国では確保できず、国際社会もまた、我が国がその国力にふさわしい形で、国際社会の平和と安定のため一層積極的な役割を果たす。世界の不正と悲惨を直視し、不安と恐怖を理解し、その除去のために積極的に貢献すべき。

アメリカの方針

日本の再軍事大国化抑制を最重視し、日本は米軍の世界展開の拠点とする

↓

アメリカ一強の時代

↓

中国の台頭、ロシアによる侵略を背景に、極東地域の軍事力均衡のため、日本の軍事力を増大させる

つにつれ、自衛隊は明確な敵の姿を失っていく。以前は旧ソ連製の兵器を識別する訓練をしたり、旧ソ連軍の編成・装備を覚えたりして、敵の指揮官の性格まで想定に入れて演習をしたものであるが、「特定の国家を敵視してはならない」との考え方から仮想の軍隊が敵となり、明確な敵の姿は想像しにくくなった時代があった。

2008年からロシア、中国、北朝鮮の脅威が再び現実化し、自衛隊の役割が多様化する。自衛隊は「国家・国民の公器」として国内外の多岐にわたる任務を完遂し、国民の負託に応える存在になった。

我が国の平和と安全は日本一国のみでは確保できないとする、積極的平和主義に移行した。「行動して評価される時代」に国際の安定と平和の創出に取り組む「貢献者となる」ことを目指すようになり現在に至る。

図2-9にあるとおり、1996年SACO合意までは、日本が直接侵略を受けた時には、当初、自衛隊が独力で対処し、米軍の来援を待つ方針であった。しかし、同合意により、日本の国防については日本が主に対処し、米軍は補助であるという原則が定まる。

2013年に「国防の基本方針」は廃止され「国家安全保障戦略」が制定される。2022年の改定を経て、積極的平和主義の立場から国際平和に寄与することを理念とし、日米防衛協力の領域は日本周辺や極東地域から、中東やインド洋へと拡大して現在に至る。

■自衛隊の変化を阻むものとは何か

この間、技術は進歩し、国際情勢も変わってきた。気候が変動すれば新たな対立も生まれる。防衛組織とは、常に新しいことに挑戦することが本来のあるべき姿だ。その求められる変化を最も阻むものが他でもない、自衛隊員自身の意識であり、改革に対する内部からの抵抗が極めて強い。これは、価値観が単一で評価が減点法であるためだ。

士の世界では能力評価ではなく、何日在隊したかの年数の評価だ。1日でも先に自衛隊に入隊した方が偉いのである。部隊長であれば全国共通の銃剣道大会に勝てる部隊を育成すれば評価が高い。防弾ベストが普及し銃剣で刺すところがなくなったにもかかわらず、理由をつけては競技会成績にこだわる。

新しいことに挑戦しても評価されることはなく、失敗をすれば評価が下がる。過去の繰り返しを無事にこなすことが最も評価が高い。それならばと無難な方法として、過去の繰り返し、つまり前例踏襲を最上のものとして追求しがちになり、極端に変化を嫌う隊風になる。

本来は状況と、地位・役割から自分の任務を分析して行動方針を決定するのが指揮官と幕僚の任務であるが、変化を知ろうとせず、前例を踏襲するために、できない理由、やらない根拠を当たり障りなく見つけ出すことに熱心だ。隊員の意識改革が最も求められている。

第三章

核ミサイルが着弾した時、何ができるのか

■核保有国に囲まれながら、備えのない日本

日本でも近年、北朝鮮による核ミサイル攻撃などの懸念が高まり、ミサイルを着弾前に撃ち落とすPAC3や、イージスアショアなどの装備の是非が取りざたされてきた。また、2022年2月末から始まったロシアのウクライナ侵攻により、隣国からの侵攻を受けた国や国民が、どのような事態に見舞われるかをリアルタイムで目の当たりにすることとなった。しかもロシアが「核兵器の使用」までちらつかせる中、もしこうした攻撃や事態に見舞われたら、どうやって自分や家族の身を守ればいいのかと思われた方も少なくないだろう。

政府は北朝鮮などのミサイル発射の兆候を捉え、日本に落下する危険性があると判断した場合に「Jアラート（全国瞬時警報システム）」を発出している。また、「内閣官房国民保護ポータルサイト」では、Jアラートが発出された際に国民が取るべき対処について、説明している。

それによれば、ミサイルが発射されたとの情報が出た場合には、「屋外にいる場合は近くの、できるだけ頑丈な建物の中や、地下街や地下鉄の駅舎などの地下施設への避

難」、「屋内にいる場合はできるだけ窓から離れ、できれば窓のない部屋への移動」を促している。

さらに、ミサイルが落下する、との情報があった場合には、「できるだけ頑丈な近くの建物や地下施設へ避難」、さらに近くに適当な建物等がない場合は、「物陰に身を隠すか地面に伏せ頭部を守る」よう促し、屋内にいる際はやはり「窓から離れる」よう促している。

そして実際にミサイルが着弾した際については、「屋外にいる場合は、口と鼻をハンカチで覆いながら、現場から直ちに離れ、密閉性の高い屋内の部屋または風上に避難」、「屋内にいる場合は、換気扇を止め、窓を閉め、目張りをして室内を密閉」するよう指示している。

2023年5月末、北朝鮮が「衛星」と称する飛翔体を発射したのに対し、沖縄地方でJアラートが発出された。その際、ニュースでは「このあたりには地下施設なんてない」と述べる地元住民の声が紹介されたが、地下施設があっても心もとないのが日本の現状だ。

そもそも日本では、実際に使用できる戦術核兵器の保有国であるロシア、中国、北朝鮮の3カ国に囲まれていながら、核シェルターの整備がほとんど進められていない。核シェルターなき現在、最も頼りになるのが地下鉄だが、運営会社は「乗客と一緒に死にます」という方針だ。というのも、東京の地下鉄には防護マスクが備えられていないのだが、その理由が「職員だけが助かるのは乗客の皆様に対して申し訳がない」からだというのだ。

これは1995年3月20日、午前8時に発生した地下鉄駅構内毒物使用多数殺人事件（地下鉄サリン事件）の現場となった、当時の帝都高速度交通営団（営団地下鉄）の言い分である。

2004年からは東京地下鉄株式会社となって以来、現在もなお、地下鉄構内で有毒物質が撒かれた事態への有効な対策は講じられてはいない。もちろん、核やミサイルが落下した際の対処も決められてはいない。

都営地下鉄は、国策上必要な公共性の高い事業を、行政機関が行うよりも、会社形態で行うほうが適切であるために東京地下鉄株式会社（東京メトロ）が管理するものであるから、国民保護のために然るべき役割を果たさなければならない。地下鉄を運行する職員には乗客の安全を守る義務がある。「乗客と一緒に死にます」というのは職務放棄と言わざるを得ない。

■CBRNe複合事態対処基準とは

日本は世界で唯一の被爆国であり、第二次世界大戦でも東京や大阪などの大都市で大規模な空襲を受けた経験がある。当時は防空壕があり、空襲警報が鳴ると皆が地下へ逃げ込んだ。しかし当時の教訓は戦後、まるで活かされていない。それどころか、より強力になった現代兵器への対応など、考慮されている節もない。

では、核やミサイルによる被害をどう考えればいいのか。考えねばならないのがCBRNeだ（図3-1）。

・Chemical（化学）
・Biological（生物）
・Radiological（放射性物質）

図3-1 特殊災害・特殊テロ・WMN（大量破壊兵器）の対処区分

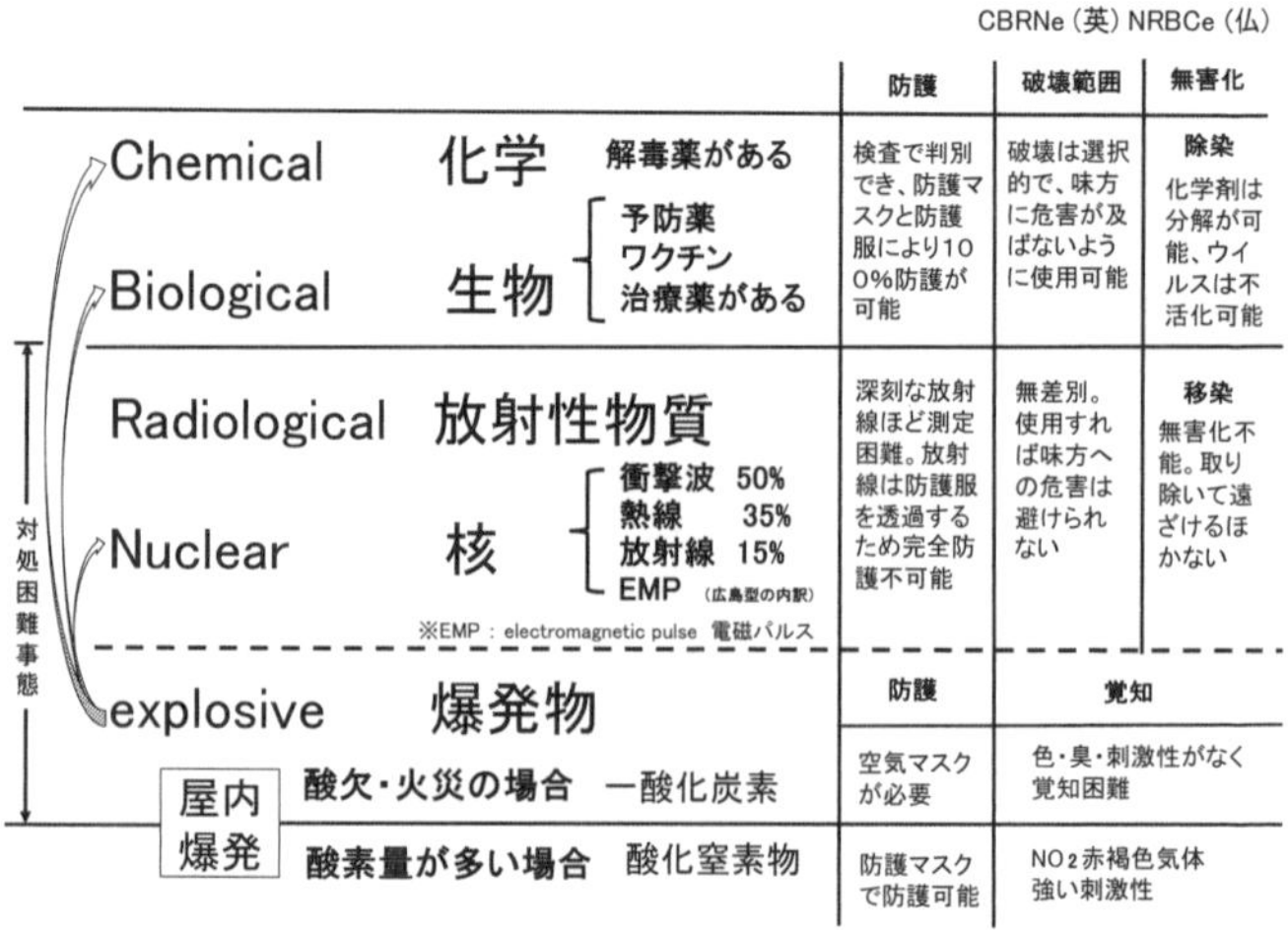

CBRNe（英）NRBCe（仏）

			防護	破壊範囲	無害化
Chemical	化学	解毒薬がある	検査で判別でき、防護マスクと防護服により100%防護が可能	破壊は選択的で、味方に危害が及ばないように使用可能	除染 化学剤は分解が可能、ウイルスは不活化可能
Biological	生物	予防薬 ワクチン 治療薬がある			
Radiological	放射性物質		深刻な放射線ほど測定困難。放射線は防護服を透過するため完全防護不可能	無差別。使用すれば味方への危害は避けられない	移染 無害化不能。取り除いて遠ざけるほかない
Nuclear	核	衝撃波 50% 熱線 35% 放射線 15% EMP （広島型の内訳）			

※EMP：electromagnetic pulse 電磁パルス

（対処困難事態）

			防護	覚知
explosive	爆発物			
屋内爆発	酸欠・火災の場合	一酸化炭素	空気マスクが必要	色・臭・刺激性がなく覚知困難
	酸素量が多い場合	酸化窒素物	防護マスクで防護可能	NO_2赤褐色気体 強い刺激性

・Nuclear（核）

・explosive（爆発物）

これらの頭文字を取り、それぞれが原因となって発生した災害を「ＣＢＲＮｅ災害」と呼ぶ。

図3－1にあるように、explosive（爆発物）の「e」が小文字なのは、爆発は化学・生物・放射性物質・核のそれぞれと組み合わされることで複合特殊災害となることを表している。ＣＢＲＮｅは人為的な面が大きく、災害というよりも「ＣＢＲＮｅ事態」と捉えるほうが適切だ。

ＣＢＲＮｅによる特殊な傷害は、当然ながら平時の医療体制を破綻させる。中でも爆発に巻き込まれると、人体に届いた衝撃波により発生する引張波と剪断波により岩盤破砕に見られる破片剥離現象が体内で発生し、組織の内部崩壊が起こる。こうした爆発で受ける傷を「爆傷」という。この爆傷のメカニズムについても説明しておこう。

人体における破片剥離現象は、衝撃波が組織から液体、組織から気体などの密度の違う媒体を通過する際に生じ、微細でありながらも深刻な創傷を形成する。その時、人体にはどのような影響が出るか。箇所別に詳しく見ると次のようになる。

●肺爆傷

肺は細胞に酸素を送り込み、不要となった二酸化炭素を排出する「ガス交換」を司る心臓に次ぐ重要な臓器であるため、肺爆傷はおしなべて致死率が高く、即死を除き爆傷を原因とする死因のトップである。

事故を含む爆傷傷病者828人のうち17％が、肺爆傷が原因で死亡した事例もあり、イスラエルで2000年9月から2001年12月の間に発生した爆破テロでは、31％が肺に爆傷を負っている。臨床的には、無呼吸、徐脈、血圧低下の3大特徴を呈する。胸部レントゲン画像では、蝶形陰影（バタフライサイン）を認める。

肺爆傷は加圧の数値が50～100psi（7キロ／平方センチ）以上から生じ、200psi（14キロ／平方センチ）を超えると致死的なものになる。狭小な空間では致死率が高まり、屋外7％に対し、車両内を含む屋内では42％と、約6倍に達する。

肺爆傷は衝撃波が酸素、肺胞、血液とそれぞれの境界面を通過した際に生じ、毛細血管の剥離、細胞の損傷、空気塞栓を誘発する。爆発に巻き込まれた傷病者は目立った外傷がないものの呼吸困難、喀血（肺出血）、咳、胸部痛を訴える。

頻呼吸、低酸素症、無呼吸（一時的な呼吸停止）、喘鳴、空気塞栓、肺気腫、肺水腫を起こし、呼吸器損傷から低酸素症を誘発する。

●中枢神経損傷

爆発による中枢神経損傷は、受傷直後が軽微な場合、見落とされやすい傾向にあるが、認知障害や人格変化などの他者を巻き込むような後遺症につながりやすい。現在では脳幹部損傷が死因のトップとする研究もある。

爆発が脳へ及ぼす影響もまた大きい。直接の打撃を伴わない脳震盪が発生し、軽度外傷性脳損傷（ＭＴＢＩ）をもたらす。受傷者は頭痛、疲労感、集中力低下、倦怠感、うつ、不安、不眠や全身症状を訴え、心的外傷後ストレス障害（ＰＴＳＤ）と区別がつかないことがある。

●四肢損傷

爆傷全般に共通する特徴として、骨に沿って爆発時の熱が体幹部側に急激に伝わるので、外観よりも内部の損傷が激しい。治療のため、１つ上の関節での切断が行われることがある。

●眼損傷

生存者の最大10％に発生している。１ミリ立方にも満たない小さな破片が瞼を貫通して眼球内に進入する。皮膚には小さな傷にしか見えないことと、角膜の穿孔であっても、初期はごく軽い違和感のみの場合もあるため、見落とされがちである。

以前は、耐衝撃度がガラスの約２００倍の強度を持つポリカーボネートでつくられたサングラスやゴーグルによって防御できたが、現在では、破片がこれらの保護具を貫通した例が報告されるようになった。

こうした被害をもたらすＣＢＲＮｅ事態対処において最も重要なのは、時間である。

目に見えない放射線や化学物質などに曝露することを被曝といい、爆発に遭うことは被爆である。毒ガス、放射線、酸素欠乏のいずれも時間が経過すればするほど行動できなくなり、救命の可能性は低くなり、現地医療資源の所要が激増してさらに救命できなくなっていく。何の事態なのか判明する前に被害規模が決まってしまうことが多く、放射性物質だった場合、呼吸器に付着してしまったならば手の施しようがない。

何の事態か判明する前に顔面をすべて覆うマスクにより呼吸器を防護することが何よりも重要である。同一の環境で同時に3人以上に類似の症状が生じたならば「人為的」な事態として対処する。軽症の間に避難などの行動を起こす。

Ｃ・ＲＮ事態は初期症状がそれぞれ異なるため判別の手がかりとなる。屋内の爆発であれば一酸化炭素または酸化窒素ガスが発生する。RN事態は防護服で防護できず無害化もできない。一酸化炭素ガスにはフィルター式防護マスクが無効であるため、これらはより対処が困難な事態だ。

日本の防災訓練は事態が判明してからの訓練に重きが置かれているが、特殊な事態が発生していると判断する訓練が最も重要である。また複合して発生することにも対策を講じなければならない。

■爆発物を使ったテロは国内でも頻発

CBRNeの「e」にあたる爆発物によってもたらされる外傷を「爆傷」と言う。これはミサイルのみならず、国内のテロ犯などによる爆発物テロなどでも起きうる被害だ。

戦後日本では、爆発物によるテロが頻繁に起こっていた。

これまで日本国内で最も大きな被害をもたらしたのは、1974年8月30日、東アジア反日武装戦線が三菱重工ビル（現丸の内2丁目ビル）を爆破し8人が死亡、385人が重軽傷を負った事件だ。爆弾は、潤滑油や塗料などの液体を入れて運搬・貯蔵に用いられる鋼鉄製の容器「ペール缶」2個に詰められた塩素酸塩系の混合爆薬約55キロ、当時禁止されて間もない塩素酸塩を使用した除草剤を転用したもので、破壊力はダイナマイト700本分に相当した。

以降も東アジア反日武装戦線は日本をアジア侵略の元凶と見做し、それに加担しているとされた旧財閥系企業、大手ゼネコン社屋・施設などに8度にわたり爆弾を設置し爆破した。

現在、世界では1年間に1万件もの爆破事件が起きているが、日本が例外ではないことは歴史を振り返ってみても明らかだ。

1970年代の爆破事件は過激派による組織的なものだったが、今世紀以降は家庭の崩壊、貧困、差別など社会が抱えている諸問題によって疎外感を覚えている若者らが、インターネット上の交流サイトなどを通じて過激派思想に感化されてテロを起こす「ホームグロウン・テロリズム（地元育ちのテロ）」が増加し、事前の阻止や対策を講じるのが困難となっている。

日本でも2023年に爆発物を岸田首相に投げつけるテロ未遂事件が起きたばかりだ。

犯人に組織的背景はなく、個人の思い付きで犯行に及んだ「ローン・オフェンダー（ローン・ウルフ）」と呼ばれるタイプに該当するのではと疑われている。

海外でも、2013年4月のボストンマラソン爆弾テロ事件も、2016年10月の宇都宮市連続爆発事件のいずれも実行者はテロ組織の構成員ではなかった。

日本はミサイル着弾による爆傷だけでなく、テロリストや模倣犯が爆発物を使って引き起こすタイプの被害も考慮せざるを得なくなっている。ただ、いずれも医療的な対処には共通点があるので、説明しておきたい。

■爆風や衝撃波はヘルメットでは防げない

爆発には「爆轟」と「爆燃」があり、その際に受ける「爆傷の受傷機転」には、以下の5つの要因がある。

Ⅰ．Primary＝主要因

爆風、爆発時の圧力によるもの。爆風圧が身体の組織に直接作用することによってもたらされる。肺、耳、消化管など空気が充満している構造が影響を受ける。

Ⅱ．Secondary＝2次的要因

爆発時に発生する破片、爆発時や吹き戻し時に飛来するさまざまな物体によるもの。

Ⅲ．Tertiary＝3次的要因

爆風によって身体が吹き飛ばされ、地面や壁面、その他固定物などへ衝突することによるもの。爆風による飛来物によるもの。その他Ⅰ、Ⅱ、Ⅳ、Ⅴに分類できない外傷が含まれる。特にⅠとの合併で発生する、手足が付け根から離断することをⅢ－Ⅰ爆傷と言う。

Ⅳ．Quaternary＝4次的要因

爆発時に発生する火球、有毒な粉塵、爆発に伴う火災、爆発に伴う火災、煙の吸入による呼吸器損傷などの熱傷。特にⅠの衝撃波による圧気発火で皮膚が燃え上がることをⅣ－Ⅰ爆傷と言う。

Ⅴ．Quinary＝5次的要因

爆発によって撒き散らされた化学剤、生物剤、放射性物質による汚染、自殺爆弾の運搬者自身の感染症拡大も含まれる。

ⅠのPrimaryとは爆轟に伴う衝撃波で生じる損傷で見落としてはならない損傷を指す。「爆発」とは、液体または固体のガス圧とエネルギー放出を伴う急激な化学反応である。燃焼による爆発は、膨張速度（炎の伝播速度）の違いにより「爆轟」と「爆燃」とに区別される。

爆轟は「爆薬」により発生する。爆速は３０００〜９０００メートル／秒と音速をはるかに凌駕し、高温（３０００度以上）と衝撃波を発生する激しい爆発である。爆燃は「火薬」により発生し、反応速度が音速（３４０メートル／秒）を超えたとしても衝撃波の発生がない猛烈な燃焼である。Ⅰ、Ⅲ-Ⅰ、Ⅳ-Ⅰは爆轟でなければ発生しない。

爆燃は衝撃波を伴わず、被害が比較的に軽微であるのに対し、爆轟は衝撃波を伴い（時には数百メートルから数キロの範囲で）甚大な被害を及ぼす。人体の損傷も爆轟は甚大かつ深刻だ。

爆風や衝撃波が影響を及ぼすのは空気を含んだ臓器である。爆傷では常に肺の損傷を疑わなければならない。気胸、肺実質の出血、特に肺胞破裂がある。肺胞破裂では空気塞栓が生じ、一見不可解な中枢神経症状が現れる。消化管損傷は胃や腸管の軽微な挫傷から破裂までさまざまだ。聴覚系では鼓膜の破裂が起こりやすいが、鼓膜の損傷と臓器損傷の関連性は否定されている。

爆風や衝撃波に対してヘルメットやベストの防護効果はほとんどなく、着用していたほうが1～2％ほど被害が拡大するとの研究結果もあるほどで、体表面のみの観察では緊急度・重症度を正しく判定できない。

ⅡのSecondaryに対してはヘルメットやベストによる防護が有効だ。ボストンマラソン爆弾テロ事件に用いられたのは、花火から取り出して集めた「黒色火薬」１４４０グラム足らずで、爆轟を起こすものではなかった。だが、圧力鍋により火薬の反応を極限にまで増幅し、ベアリングの球を詰めたことで、３人が死亡、２６４人が負傷、10人が四肢切断となった。

Secondaryは穿通性損傷と鈍的損傷の両方をもたらす。爆発からの破片は約４０００メートル／秒に達することもあり、高速ライフル弾の銃口初速９２０メートル／秒の４倍以上。同じ質量なら運動エネルギーは16倍以上に相当するので、爆発に伴う飛散物による負傷は常に重篤と考えるべきである。

Ⅲの Tertiary は、自動車事故での車外放出や高所からの墜落とほぼ同様の受傷をもたらす。爆風で人は高速で吹き飛ばされることがある。

身体が受ける損傷の程度は硬い壁面や路面、周辺の構造物、湿地や水面など周囲の環境による。

Tertiary の分類は、爆風、衝撃波、飛来物、熱によるもの以外の要因を含み、創傷は四肢の離断や、貫通、打撲などさまざまだ。倒壊や構造物による影響も含まれる。

爆発が建物の中やバスなどの車両を含む構造物内で発生した場合、構造物の崩壊や破壊による致死率が非常に高く、死傷者数30人以上の事例では4人に1人が建物の倒壊などで即死している。屋外の死亡率が25人当たり1人なのに対して、屋内では12人当たり1人が見積もりの目安となっている。

Ⅳの Quaternary は、爆発に伴う熱（最大7000度）、巨大な火球の発生や、有毒ガス、有毒な煙や粉塵による空気汚染による、熱傷、呼吸器の損傷をもたらす。傷病者が爆発時に密閉空間にいた場合や、喘息や肺気腫などの肺疾患の既往がある場合は、より重症となる。爆轟の衝撃波に皮膚を曝露させていると、皮膚そのものが発火して深度熱傷を生じる。

VのQuinaryは、爆発に伴う有毒化学物質、生物兵器、放射性物質の拡散など近年のテロで用いられるようになった「ダーティー・ボム」を反映している。汚染物質の吸収による発熱、異常発汗、血圧低下、組織液のバランス異常が含まれる。飛散した自殺爆発者の保有する感染症、B型肝炎やHIVも新しい脅威と見做されるようになった。

■新兵器「中性子爆弾」の威力とは

戦術核兵器「中性子爆弾」とは、核爆発の際のエネルギー放出において、中性子線割合を高めた小型の水素爆弾である。原子爆弾の破壊力を高めた水素爆弾が実用化されたものの、汚染もまた深刻であり、軍事的には戦車などの装甲車両内の戦闘力を奪ううえで効果に乏しく、ロシアによるウクライナ侵攻までは「持っていても使えない大量破壊兵器」だった。

そこで注目したものが「中性子」という透過力の極めて高い粒子である。中性子を遮蔽するためには大量の水が必要であり、鉛を含む遮蔽物や鋼板装甲程度では遮蔽による防護効果がほとんどない。中性子の致死作用は、爆心から半径900メートルであれば装甲車両や戦場で応急的に構築できる掩体（格納庫）や市街地の浅めの地下構築物内の人員を、外部を破壊しなくとも数分で死亡させる。その一方で建造物破壊や放射能汚染はわずかであるため「きれいな爆弾」と言われる。

また、この程度の破壊であれば、攻撃を受けた国の同盟国による核兵器による報復攻撃も行われず、使用を非難されるだけであるため、戦術的には申し分のない兵器であり、21世紀に入り、GPSなどの精密誘導技術や迎撃困難な極超音速ミサイルの実用化により「使える核兵器」になった。そして、これを欲している国は世界中にある。日本に対する中性子爆弾による攻撃のおそれも生じてきたと言っても過言ではない。

放射線は微弱なものでも測定できてしまうことによる心理的効果、経済的影響も大変大きい。原発事故後の日本の「放射性物質」に対する反応を見れば明らかだろう。

中性子線以外による被曝は日焼けと同じで、被曝した本人だけの問題である。しかし、中性子線に被曝してしまうと中性子線に被曝した人の体内のナトリウムやリン、カリウムなどの性質が変化し、自ら放射線を発するようになる。15時間ほどの間ではあるものの、被曝者自身が汚染物質になってしまうのだ。放射される放射線は微弱で、10センチ離れれば問題はないが、平時にない放射線量を測定できてしまうために、大きな混乱を引き起こす。

中性子線は核分裂反応が起きている時にしか放出されないため、核兵器が爆発する直前に一瞬だけ被曝するおそれがある。核兵器使用の兆候がある場合は、水分を多く含んだ土壌の地下深くに避難することが必須だ。

これに対し、日本の備えは十分とは言えない。自衛隊では「仮想敵国は核兵器を使用できない」という思い込みと、核兵器と化学兵器は「化学科職種」の役割、感染症と生物兵器は「衛生科職種」の役割という縦割りの弊害があり、米軍のCBIRF（化学・生物兵器事態対応部隊）〝シーバーフ〟ように総合的な対処はできない。

加えて、自衛隊員の多くは戦術核兵器や中性子線についての知識にも乏しい。

日本は過去に中性子線による被害者を出している。茨城県東海村の核燃料加工会社「JCO」による臨界事故だ。にもかかわらず、対処法を含め、知見が共有されていない。

日本でも戦術核兵器が使用されるものとして、早急に対策を講じなければならない。

■核への備えは韓国に学べ！

こうした脅威に、各国はどう備えているのか。

日本が参考にすべきは北朝鮮との休戦中である韓国の2正面対策だ。韓国の地下鉄は核兵器が使用されることも想定した広域避難シェルターである。その一方で、地下鉄道網は特殊テロや直接侵略の際に敵の浸透作戦に利用されるおそれもあるため、韓国ではこの両面に対して有効な対策が講じられている。

韓国の首都ソウルは北朝鮮軍からの砲撃が直接届く位置にある。地下鉄道網は北朝鮮と何カ所もつながっていると想定されている。

ソウルの地下鉄の駅には、乗り換え階、ホーム階、すべての階層にフィルター式防護マスクが備えられている。同じ防護マスクは金浦国際空港、仁川国際空港の手荷物検査場にも備えられている。棚には「火災用」と書かれているが、一酸化炭素ガスと酸素欠乏にはフィルター式防護マスクは役に立たないため、実際にはフィルターによる濾過が可能な神経ガス、ウイルス類、放射性物質などから呼吸器を防護するためのものだ。

神経ガスであるサリンのような即効性はないものの、テロに用いた際に影響が大きいのが放射性物質だ。放射性物質もまた無色、無臭であるうえに、α線、β線のような破壊力の強い放射線を検知することが困難な一方で、微弱なγ線を検知することは容易という特性があるためだ。α線の飛程（飛ぶ距離）は空気中で約2〜3センチ、β線は約20センチ〜3メートルと短く検知することが難しいが、α線源を吸い込んでしまったならば呼吸器には確実に癌が発生する。

β線源が皮膚に着いたならば皮膚組織が再生されなくなるため、β線熱傷となる。そのため、空気中のα線源、β線源を検知するには空気中の塵を集めて計測する必要があるが、それを常時行っていると推察されるのが、ソウルの地下鉄に設置された空気中微粒子検知機だ。

東京都港区の公園にも大気汚染の状況を監視するための環境総合測定局が設置されているが、それと同等で、放射線の検知機能も備えたものが地下鉄のホームに設置されているものと見られる。放射線が検知されると警報が発せられ、乗客は直ちに防護マスクを装着するよう備えられているのだろう。

γ線は電波であるため、強いものでは約3キロも離れたところで検知できる。しかし、その影響は身体に広範囲ながらも希薄である。γ線は5000円程度の誰もが購入可能な空間線量計により微弱なものでも探知できるため、身体に害はなくとも、そこに放射線源が存在していることは、放射線に対する恐怖からパニックを引き起こすことができる。

身体に濃密な害を与えるα線は検知が難しく、希薄な害を与えるγ線は微弱なものも検知できる特性がCBRNe事態対処の中でもR（放射性物質）とN（核兵器）の対応を特に難しくしている。

複合事態に対処するには教育と人材の育成が急務だ。先述した複雑かつ最も生起する蓋然性が高い核テロに対処するためには、小学校、中学校、高等学校と物理学、生物学の教養が身につくに従い、段階的に反復して行う教育が必須である。

■予備役が動員され、市民が参加する韓国の「有事訓練」

筆者は2023年3月24日にソウルからピョンテクにかけて、高度化する北朝鮮の核・ミサイル技術への対応能力向上のための大規模な米韓合同演習である「フリーダムシールド（自由の盾）」を取材した。印象的だったのは、金浦国際空港からソウル駅までの空港鉄道車内では危機対応手順の動画の合間に、演習に参加した韓国軍看護師のインタビューが流れていたことだ。

予備役も訓練に動員され、戦術核兵器についての教育が行われた。目立ったのは迷彩服姿の韓国軍人の乗客である。韓国では軍人が迷彩服のまま公共交通機関を利用することが許されており、災害時に市民が軍人のもとに容易に集まれるようにしてある。最新の複合事態対処教育を受けているのが軍人であるから、パニックの抑制と最大多数の救命に大いに役立つ。

先述の通りソウルの地下鉄には一酸化炭素ガスと酸素欠乏に有効な空気マスクが防護マスク棚に1セットの割合で備えられており、現役の軍人または兵役の経験のある者が空気マスクを装着し、市民に防護マスクを被せて避難誘導を行う。防護マスクが足りない場合や子どもなどで防護マスクのサイズが適合しない場合は、備えられた水をタオルに含ませて口に当てさせ、防護マスクを装着した市民が護送する。

翻って、日本の場合はどうか。韓国に対して東京の地下鉄では安全に関する動画は流れず広告のみであり、戦術核兵器についての訓練も行われてはいない。地下鉄サリン事件が実際に起きたにもかかわらずだ。

少なくとも、一般に対してはミサイルに関して「着弾直前と直後」に取るべき対応の情報しかない。爆風で被害を受けた際、自分や家族、同僚がどのような被害に見舞われるか、どのような対処をすべきかは、ポータルサイトのどこにも書いていない。

これも自衛隊の個人用救急品や救急法教育と同様、「本当に有事が来ることを想定したものではない」からこそ、起きる現象と言えるだろう。

第四章

日本は「銃撃」「テロ」「災害」に対処できるのか

■安倍元総理銃撃事件の衝撃

２０２２年7月8日、安倍元総理は奈良市の近鉄大和西大寺駅前で選挙演説中に背後からまず１発目の銃撃を受け、振り向いたところ、2発目の銃撃により左胸から射入した弾丸の１つが心臓に達し、すぐに心肺停止状態となった。

現場ではＡＥＤの使用による蘇生処置や、人工呼吸などが施され、通報から約5分後に到着した救急車で搬送。50分後にドクターヘリで、奈良県立医科大学附属病院へ搬送された。大量の輸血処置などが行われたが、蘇生は難しいと判断され、17時3分に死亡が確認された（救急隊と治療の記録による）。

安倍元総理銃撃事件では、複数犯説、ライフル銃による狙撃説など、確かな根拠もなく、検証も不確かで強引な思考による推測が飛び交った。いずれも銃と銃弾についての基礎知識不足によるものだ。散弾銃は殺傷力が強い銃器ではあるが、山上容疑者が使用したのは散弾銃を模した手製銃であり、直径10ミリの球形で鉛製の弾丸を同時に6発発射するもので、銃弾の速度は拳銃弾の銃口初速３３００メートル／秒程度と推定される。骨を砕くだけのエネルギーはないが、身体の損傷は弾丸直径の2倍程度の範囲、弾丸が通り抜けた「永久空洞」による。ライフル弾で銃口初速が640メートル／秒を超える場合は衝撃波により「瞬間空洞」も形成されるため弾丸直径の30倍〜40倍を破壊することがある。

これは瞬間的に身体の組織が引き延ばされて損傷するもので、弾力のある筋肉組織では30倍、弾力のない肝臓は40倍の範囲が破壊される。安倍元総理銃撃事件の弾丸は弾丸直径の2倍程度の破壊力だったと考えられる。体外への出血量が少なく見られるのは、皮膚に生じた裂け目が大きくても2センチ程度であったことと、心臓が損傷したため直ちに心停止状態になり、血液循環が停止することで、損傷した血管から血液が噴出しなかったためである。球形の弾頭はライフル銃で発射できないことからも、狙撃説は否定される。

銃口初速300メートル／秒で弾頭が丸く体内で変形しない弾丸の場合、弾丸は命中時に皮膚を突き破る際に運動エネルギーを大幅に失う。このため、骨に当たった際に粉砕できる力はなく、弾かれるか方向を変える。

■荒唐無稽な陰謀論は「無知」から生まれる

また、弾丸が体内に侵入する「射入口」は目立たない。弾丸が飛び出る「射出口」は目立つため、射入口の見落としや射出口を射入口と間違えることはしばしば起こる。飛行中の弾丸は発射時の熱と空気との摩擦で熱くなっている。皮膚に命中したならば焼灼止血法のような作用で割けた皮膚が止血される。電気メスで皮膚を切ればあまり出血しないのと同じ原理だ。一方で射出口では体内を通過する際に弾丸は冷却されるので、熱による止血効果はなくなる。その状態で皮膚を突き破り体外に出るため、多く出血し、創口も相対的に大きく目立つ。

そのため、見た目と重症度が一致しないことがあり、循環血液量の多い肺や心臓を損傷しても、衣服には弾丸直径程度の穴しか開かず、射入口も射出口も小さいため胸腔内で大量に出血しても、体外への出血がわずかなことがある。一見、外傷がないように見えて、手術時に開けて見たら中が血の海というのが銃創の恐ろしさである。

こうした銃創の知識があれば、インターネットを中心に飛び交った「山上空砲説」「スナイパー狙撃説」などはいずれも否定されるが、日本の多くの人には銃創どころか、銃に関する知識がないため、すぐに勘違いしたり、だまされたりする。ただ銃創に関しては医師でも「射入口」と「射出口」を見間違えることがある。

この事件は狙われたのが安倍元総理1人であり、容疑者もすぐに確保され、単独の実行犯だったために被害者も1人にとどまった。しかし、仮に複数犯だったり、無差別に聴衆が狙われ、複数の人々が安倍元総理と同様の被害を受けていたら、医療体制はどうなったか。救急医療ひとつとっても、止血用の資材が足りないなどの事態は発生しただろうし、被害者全員を病院へ搬送できるだけの救急車が用意できたかどうかすらわからない。

平時の救急医療体制が破綻する閾値（いきち）は意外と低く、10人単位の重傷者の発生で破綻してしまうのだ。

安倍元総理銃撃時はすぐに被害者が心肺停止状態になってしまったため、「銃創」の救急処置をする間もなかったのだが、本来、銃創や爆傷などの戦闘に伴う外傷は、対応時間が極めて短く、対処は一刻を争う。

銃が身近なアメリカなどとは違い、日本で「銃創」の治療に当たった経験のある医師はほとんどいない。自衛隊では「戦闘外傷」としてその治療法、応急処置法を学ぶが、やはり銃創を実際に治療した経験に乏しいのが現状だ。

日本外傷データバンクの報告（２０２２年）によると、２００７年から15年の間の救急外傷患者の内訳では、銃創が12例／０・１％、刺創などが５１３４例／５・８％だ。

現時点で日本は安全だと言えるが、１年間に押収される拳銃は約４００挺、許可を受けた銃砲類の数は２０２１年時点で、猟銃（ライフル銃など）15万３９６２挺、空気銃２万３７５７挺、建設用６０７０挺、その他４０８１挺で、合計18万７８７０挺（令和４年版『警察白書』より）。

かなりの殺傷力を持つ銃は国内にも数多く存在する。安倍元総理を襲ったのは、自作の銃だった。個人が過激化することで発生する「個人テロの時代」であり、自衛隊のＰＫＯで新任務を開始すれば、国内で報復テロも起きるであろう。それにサイバー攻撃などが加わる「ハイブリッド戦争」状態にいつでもなり得るし、周辺危機も日増しに高まっている。その一方で、頼みの自衛官の救護能力の乏しさが問題視されている。

■国民に救護義務のあるアメリカ

アメリカは銃乱射事件や爆破テロなど悪意による大量殺人事態に対処するため、個人への啓発はもちろん、警察や消防、軍隊、救急医療サービス全体に共通する行動方針、事前の取り決めを整備している。

まずは個人がどのように対処すべきかについての事例を紹介したい。事例として取り上げるのは、2017年10月にラスベガスで起きた銃乱射事件だ。

犯人はマンダレイ・ベイ・リゾート&カジノの32階の客室の窓から、約400メートル離れたカントリー音楽の祭典会場に集まっていた観客を自動小銃で銃撃、死者58人、負傷者489人を出した。

当時の報道によると、犯人は米軍の制式小銃M16シリーズの半自動式版AR15を2挺用意、それぞれ三脚に固定して交互に射撃していることがわかる。弾薬は口径5・56ミリのNATO第2標準弾を使用したと思われる。有効射程が700メートル近くまで延びており、射撃距離400メートルでは即死させられる殺傷力がある。

わずか9~11分間に547人もの死傷者が発生したのは400メートル離れた上方か

らの射撃だったことが最大の要因だ。400メートル先から撃たれると、弾が命中した後に発射音が聞こえるため、撃たれていることに気付きにくい。

さらには上方から狙われている場合、銃声に驚いてとっさに伏せてしまうと、被弾面積がかえって大きくなり、負傷しやすくなる。人ごみでは身動きがとれず、その場から逃げることが困難になる。

さらには建造物が立ち並ぶ場所から撃たれた場合、発射音が反響してしまい、どこから撃ってきているのか判定し難い。こうした条件が重なり、最悪の悲劇となった。

こうした場合、どのようにすれば生き残れるのか。そのための基本動作は、CCPと呼ばれる。

Concealment＝隠蔽

Cover＝掩蔽(えんぺい)

CutPie＝カットパイによる方向の特定

まず、自分の姿を周囲から見えなくする（掩蔽）。水平方向からの射撃であれば伏せればいいが、上方からの場合は、まずしゃがむことで被弾面積を少なくする。

図4-1　弾丸の飛翔音が耳に到達する方向

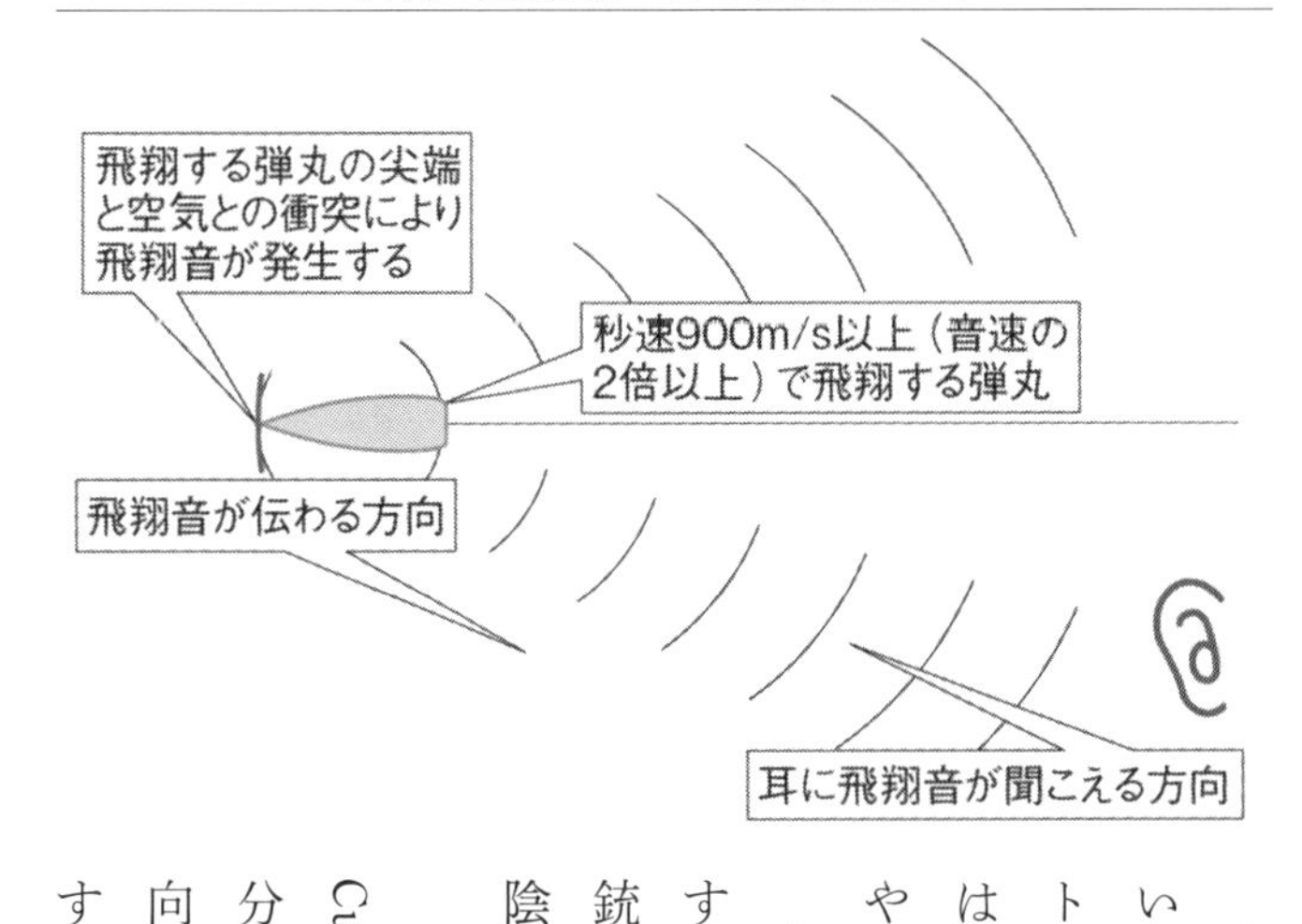

夜のコンサート会場であれば照明の当たっていない部分に逃げることも有効だ。400メートルも離れていたのでは暗いところを見ることは難しく、明るく目立つ場所にいる人が狙われやすくなる。

人体では腰骨以外、ライフル弾が容易に貫通するので、人混みから1秒でも早く抜け出し、銃弾を通さないコンクリート壁などの遮蔽物の陰へと避難しなければならない。

どこへ逃げるべきか、方向を見定めるには、CutPieつまり、人の倒れた向きからパイを切り分けるように撃って来る方向を判定し、その方向から見えないように、防護されるように避難することが求められる。

もうひとつ、銃撃から生き残るために役立つ知識として「弾が飛ぶ音が聞こえている限り、自分に銃弾が命中することはない」というものがある。

図4－1のように、飛んでいる銃弾が風を切り裂く音は、銃弾の斜め後方に向けて発生する。

銃弾は音速よりも速く飛び、衝撃波によって飛翔音が発生するためである。このため、ビュンという弾が飛び交う音が聞こえている間は自分に銃は向いていないことが多い。これは筆者も実際に体験しているが、この知識があれば、いざという時も自分を落ち着かせ、冷静に判断するための一助となるだろう。

■有事の際にどうするかを取り決めておく「コンセンサス」とは

警察や軍隊、医療機関に共通する行動指針は、「The Hartford Consensus（ハートフォード・コンセンサス）」と呼ばれる。世界中が参考にするまでに洗練されたその同意（コンセンサス）は、今では自然災害をも含めたアメリカの国土強靭化政策にまで進化している。「戦争（銃撃事件）」と「災害」を区別しないアメリカの発想は、戦争やテロなどの有事を想定することができない日本にとっても、「災害対処」名目で取り入れやすいかもしれない。

戦闘中や一度に大量の負傷者が発生しているような状況では、指揮官は自分の判断や方針などを一言一句説明している余裕はとてもない。部下もいちいち指示を仰ぐようなことをしていては、生存して任務を達成することができない。事前に決めておけることは決めておき、命令・号令ひとつで部隊が特に指示されなくとも一斉に動けるようにしておく。こうした時間を先取りする事前の取り決めをSOP（作戦実施規定）という。

SOPは軍隊のものだが、昨今のテロ事件の増加により、一般社会の日常生活の中でも同じような取り決めが必要となった。そこで軍隊の枠を超えた、国家または国際的な取り決めが整備された。コンセンサスとは意見の一致や合意の意味で「こうしたほうがいい」という感じで、SOPの「こうしろ」と比べて自主裁量の余地が大きい。ハートフォードとはコネチカット州の州都の名前だ。

きっかけは2012年12月14日、同州ニュータウンの小学校で発生した銃乱射事件だった。それを受けて2013年4月、悪意による大量殺人事件や銃の乱射事件から生き残り、最大多数の最大救命を実現する国家政策を立案するため、米国外科医学会が合同委員会を招集した。そこが出した勧告がハートフォード・コンセンサスと呼ばれるもので、現在は4つの勧告通達書によって構成されている。

●2013年6月1日発　第1勧告「銃乱射事件における生存方法の改善提案」。現時点における最新の軍事と民間の経験やデータと根拠に基づいた、銃乱射事件の生存方法を改善する地域、州、国の取り組みを促進するための提案。図4-2にある脅威への対処を要約した「THREAT」という頭文字を取った方法が提唱された。

●2013年9月1日発　第2勧告「銃乱射事件と悪意による大量殺人事件対処の方針」。最初のハートフォード・コンセンサスの目標を達成するため具体的な方針を策定した。

総則：負傷していない、軽微な負傷者は救助者として行動できる。誰もが命を救うことができる。

図4-2　ハートフォード・コンセンサス

THREAT：脅威への対処を要約したアクロニム

- [T]hreat suppression　脅威の抑制
- [H]emorrhage control　出血の制御
- [R]apid [E]xtrication to safety　安全のための迅速な脱出と救助
- [A]ssessment by medical providers　医療従事者による評価
- [T]ransport to definitive care　決定的治療を受けるための搬送

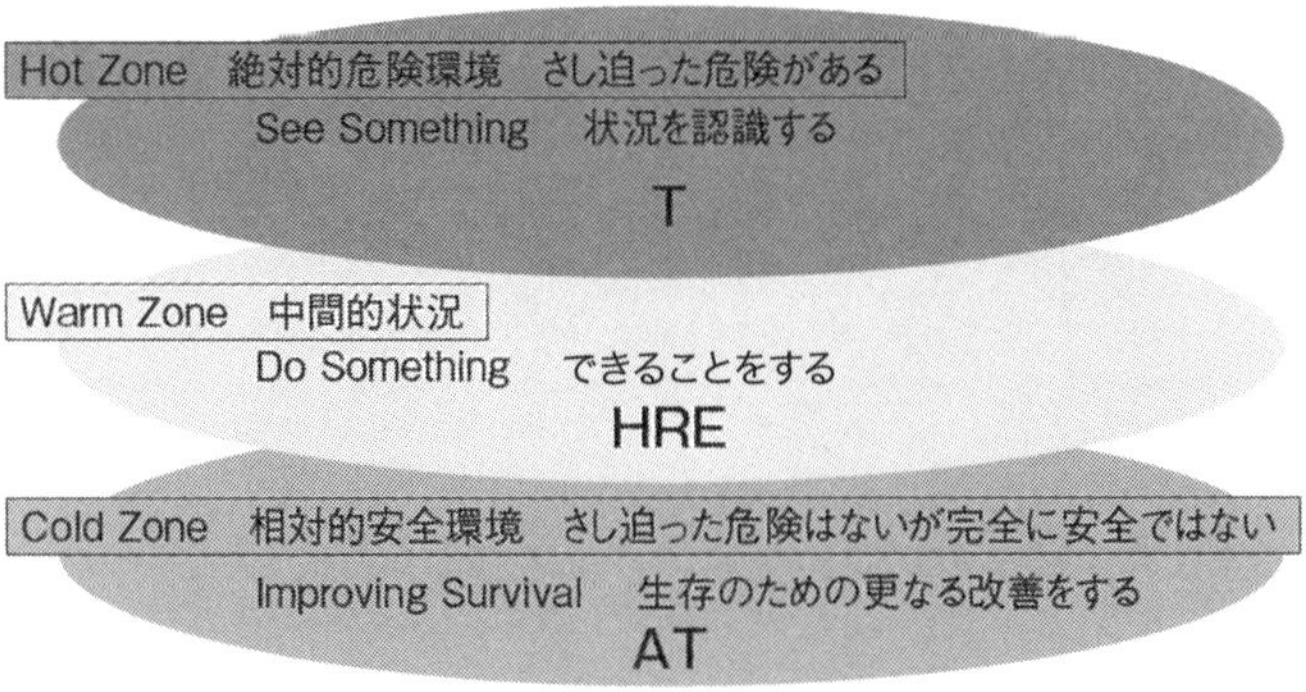

Hot Zone　絶対的危険環境　さし迫った危険がある
See Something　状況を認識する
T

Warm Zone　中間的状況
Do Something　できることをする
HRE

Cold Zone　相対的安全環境　さし迫った危険はないが完全に安全ではない
Improving Survival　生存のための更なる改善をする
AT

警察官などの法執行職員：致命的な出血をコントロールすることは警察官の最も重要な知識と能力のひとつである。

救急隊：統合が強化された機能発揮が求められる。そのために従来の役割制限が改訂されなければならない。

決定的外傷治療体制：平時も有事の境目なく最大多数の最大救命が行えるように体制を整備する。

●2015年7月1日発　第3勧告「大出血制御の具体的方策」。意図的な悪意による大量殺人事件に対する公衆の回復力を強化することは、米国の国策の優先事項として特定されていることを踏まえ、13年間続いたテロとのグローバル戦争での6800人以上もの米軍の戦死者から得た教訓を民間の救急医療にも反映させる。

First Responder（救命責任者／一定頻度者）〝ファースト・レスポンダー〟をレベル分けして、それぞれの役割を定めた。日本ではFirst Responderは「一定頻度者」と呼ばれる。業務の内容や活動領域の性格から一定の頻度で、外傷傷病者に遭遇する者、心停止者に対し応急の対応をすることが期待・想定されている者と表現されているが、国際的には「救命責任者」というのが、その実際をよく表している。

警察官や軍人、教員などは職業上、人の命を守る役割を担うので、倒れてから数分以内に死亡してしまう生命の危機から救命できるように、専門の教育と訓練を受けている。だから、救急処置の実施に過失があった場合や、その職務中にそれらを行わなかった場合には、「不作為」として法的責任を問われ、罰せられることがある。

その一方で、職務上行った救急処置により自らが被った損失に対しては補償もされる。ゆえにFirst Responderは「救命責任者」と呼ぶべきだろう。海外でFirst Responder＝公務員と見做されるのは、国家の最大の責任は国民の命を守ることであり、公務員はその執行者であるためだ。そのためにすべての公務員は2つの重要な役割を担っているとされる。

まずFirst ResponderとしてCivilian Aid（市民救助）を提供し救命すること、そして公的医療援助のための情報をあげることだ。どこにどれだけの重症者がいるのかを報告するためにはFirst Aid（救急処置）の知識が不可欠だ。今の世の中、いつどこで大量傷病者が発生するかわからない。

そのためすべての公務員はFirst Responderの役割を担うとされている。「救命責任者」と「一定頻度者」との意識の差は、海外と日本の国防意識の差を表しているとも言える。

第3勧告が定義するFirst Responderには3つのレベルがある。

Immediate Responder：市民を「傍観者」から「救命者」にする

Professional First Responder：職務としての救命責任者の育成

Trauma Professionals：決定的治療を行える必要な設備を備えた病院と医療従事者の整備

である。

●**2016年3月1日発　第4勧告**「国土強靭化の呼びかけ」。国土強靭化とは国家のリスクマネジメントであり、強くてしなやかな国をつくる取り組みだ。一般市民に即効性のある対応者になるように教育するための戦略を示し、国土強靭化の推進を呼びかけた。

一方で、アメリカ国民の救命能力と救命者となる意志、懸念事項を判定するための意識調査を行い、次のような結果が得られた。

・公共場所への止血用資材設置を支持する（93％）
・止血を警察の義務の一部とするための訓練推進を支援する（91％）
・銃乱射事件と悪意による大量殺人事件発生時には駆け付けて助ける（65％）
・今日までの心肺蘇生法教育と同様の方法で、救命止血法普及教育を企業や市民団体、宗教団体、学校、医療機関などから一般市民に提供することを希望する。
・公共施設や多くの人の集まる場所への止血用資材設置の推進や止血用資材をＡＥＤと

一緒に配置することで、誰もが止血用資材を迅速に手にすることができるようにすることを希望する。

アメリカではすでに一般市民にはこれまでのような「バイスタンダー（居合わせた人）」はいない。

■救急隊が来る前に「5分以内」の止血を

さらにホワイトハウス報道官室は2015年10月、「ストップ・ザ・ブリード」キャンペーンについて文書を出した。これは、自然災害、テロなどの人為災害、日常の事故に備えるため、致命的な大出血に対する止血の仕方と資材を市民に普及するものだ。

関連ポスターでは「5分以内」と明記されるように、致命的な大出血を伴う重症外傷病者は救急隊が到着する前に死亡してしまうおそれがある。だからこそ、頼りになるのは、その場に居合わせた同伴者や発見者なのだ。それには「周りの人に救急通報やAEDの確保などの指示を与えたり、心臓マッサージやAEDによって傷病者の救命に取り組む人」という重要な役割があり、「Immediate Responder（直ちに救命の手を差し伸

図4-3　AEDと止血用資材

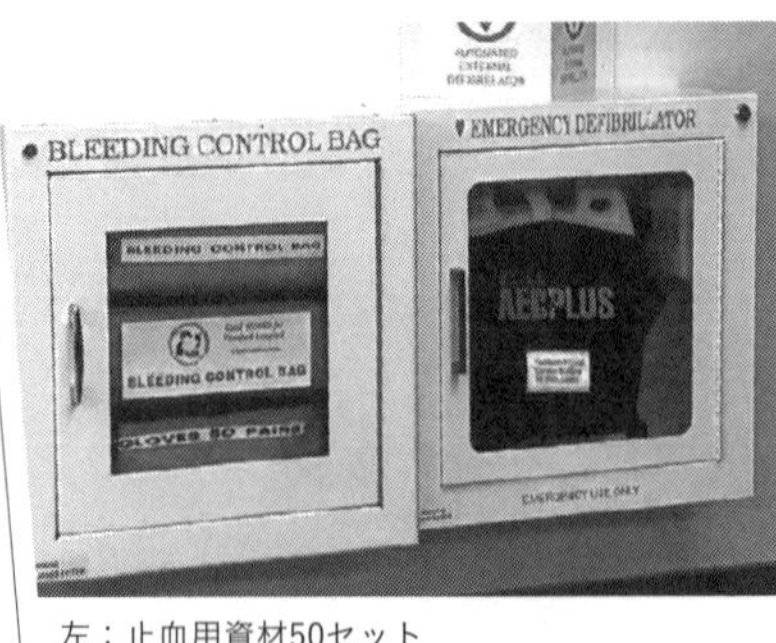

左：止血用資材50セット
右：乾電池式AED（P227参照）

べる人）」へと進化した。コロナ禍もあり、誰もが他人の生命に責任を持つ時代になった。

医療従事者でなくとも、止血法の訓練を受けた一般市民が救命に重要な役割を果たせることが、アメリカでの救急医療や軍の研究で明らかになっている。

これまで「市民による救命法」といえば、「１次救命処置」（ＢＬＳ）であり、病気や感電、溺水、低体温などによる非外傷性心肺停止状態を対象とした心肺蘇生法が主だった。「自動体外式除細動器」（ＡＥＤ）の整備と使用法の普及も併せて進められてきた。しかし、外傷で心肺停止状態に陥った場合、社会復帰率は１％に満たない。

重症外傷傷病者を救命するためには、心臓が止まってしまう前に止血を行うことが救命の鍵となる。

血管からの血液の流出を抑えることで循環血液量を維持するために、受傷後1秒でも早く致命的な大出血を制御できる知識と技術を市民に普及するキャンペーンが開始されることとなった。

2015年に入り、市民による救命止血の取り組みは、これまでの非外傷性心肺停止状態の心肺蘇生法やAEDの使用法と同列のものとして全米への普及が図られている。筆者も2017年1~2月、フロリダ州で開催された医療教育・教材の国際展示会「IMSH2017」を取材したときに目にしたが、街頭のAEDの傍に、止血帯や包帯などの資材をパッケージ化したものが使用法のポスターとともに設置されるようになった(図4-3)。

キャンペーンの関係者によれば、救命止血法の教育は非外傷性心肺停止状態の心肺蘇生法の教育よりもかなり難しいという。心肺蘇生法はガイドラインが2020年以降毎年更新されるものの、市民用の方法が大きく変わることがない。手技も胸骨圧迫、気道確保、人工呼吸と少なく、部位も決まっている。

機材も感染防護資材とAEDのみで、AEDは電源を入れると自動的に音声による指示が流れ、評価・判定も自動的に行われる。電気ショックまで自動化したモデルも登場した。また必要のない傷病者に電気ショックを与えることがないように安全機構も組み込まれている。周囲の音声や心電図も自動的に記録され、事後の検証や実施者の保護の面の整備もされた体制にある。

一方で、止血法は方法や手順が頻繁に変わるうえに、手技を適用する身体の部位もさまざまだ。しかも実施する際、ＡＥＤのように指示が流れて自動的に実行されることもないので、実施者自身の記憶に従って行い、止血効果は実施者自身の技量により左右される。

当然ながら記録も実施者自身がしなければならない。心肺蘇生法に比べて教育所要が大であり、識能の質の維持にも相当な手間を要する。少人数単位で指導者が手を取り懇切丁寧に時間をかけて教育をしなければならないし、識能の更新も頻回に行う必要がある。

そこで、アメリカでは軍隊経験者を教育者として活用し、普及に努めている。救命止血法は戦闘を経験した軍隊により研究され発展したものだし、将兵は、入隊直後から繰り返し訓練を受ける。しかも、シナリオトレーニングを積み重ねていくので判断力・思考力も備わっている。つまり、教育者として最適の能力を備えているのだ。

これほどの労力と資金を費やしてキャンペーンを推進するのは、次の効果が極めて有用なためだ。

①外傷傷病者の救命
②災害時の最大多数の最大救命
③テロと戦争の抑止

災害時の最大救命とは、自然災害もテロのような人為災害にも当てはまる。海外では戦争も災害として考える。

市民が致命的大出血への対応能力を持っていれば、医師でなければ救命できない頭部や体幹部の重症外傷傷病者に限られた治療能力を振り向けることができる。災害が同時に多数の傷病者を発生させる一方で、治療は1人ずつ行うほかない。市民の誰もが救護能力を持つことは、災害時の治療能力の大きな資となる。

市民による救命止血法の普及はテロや戦争への抑止効果も期待できる。テロも戦争も目的を達成するために最大多数の殺傷を狙うものだが、市民が高い救護能力を有していれば、まず、パニック状態に陥るおそれが少なくなる。混乱状態の発生を抑えられることだけでも相当な抑止効果だ。テロを発生させたとしても、治療能力が重症者と危険に直面する警察官らに集中して投入されるなら、テロを発生させた効果が減殺される。

こうした対策が周知されれば、テロを発生させようとする意志が弱くなる。市民による止血法の普及は間接的な防衛力発揮と言える。

一方、日本では総務省などの調べによれば、AEDの一般人による使用の認可が下りた翌年の2005年時点での使用率は0・2%、2012年時点でも使用率は3・7%、このうち約半数は医療従事者による使用だ。普及が積極的に進められ、しかも自動的に指示してくれるAEDですら現在でも使用率は4%程度だから、教育所要の大きい救命止血法の実施率向上には相当な困難を伴うだろう。

■「防ぎ得た戦闘死」を減少させるための取り組み

米軍が採用する軍事医療支援における重要な考え方として、「PPS」がある。

・**Protect** ＝防護・予防
・**Project** ＝救護・治療能力の投入
・**Sustain** ＝生命の維持・部隊力の維持

まず防護による外傷予防が重要であり、防弾ベストやヘルメットで身体の致命的な部位を防護していることが、戦闘外傷救護・治療における前提となる。

米軍は南北戦争（１８６１〜１８６５年）以来、兵士のカルテを永久保存して戦闘外傷や戦地での疾病についての研究を行っている。

実際、１９７０年代に救急医療を大きく発展させた一因である輸液療法は第一次世界大戦（１９１４〜１９１８年）時の研究がヒントとなっている。現代では、兵士が着用する防弾プレートに何発の銃弾がそれぞれどの角度で命中したかに至るまで詳細に記録が取られ、研究されている。

戦闘外傷に関する記録はそれだけ重要で、事態や事件に起因する戦闘によるものなら、さらに「証拠」としての要素も加わる。

そうした研究から、図４－４「戦死の主要原因と防ぎ得た死」にあるように、上側の

図4-4　戦死・戦傷死の減少と防ぎ得た戦死原因の変化

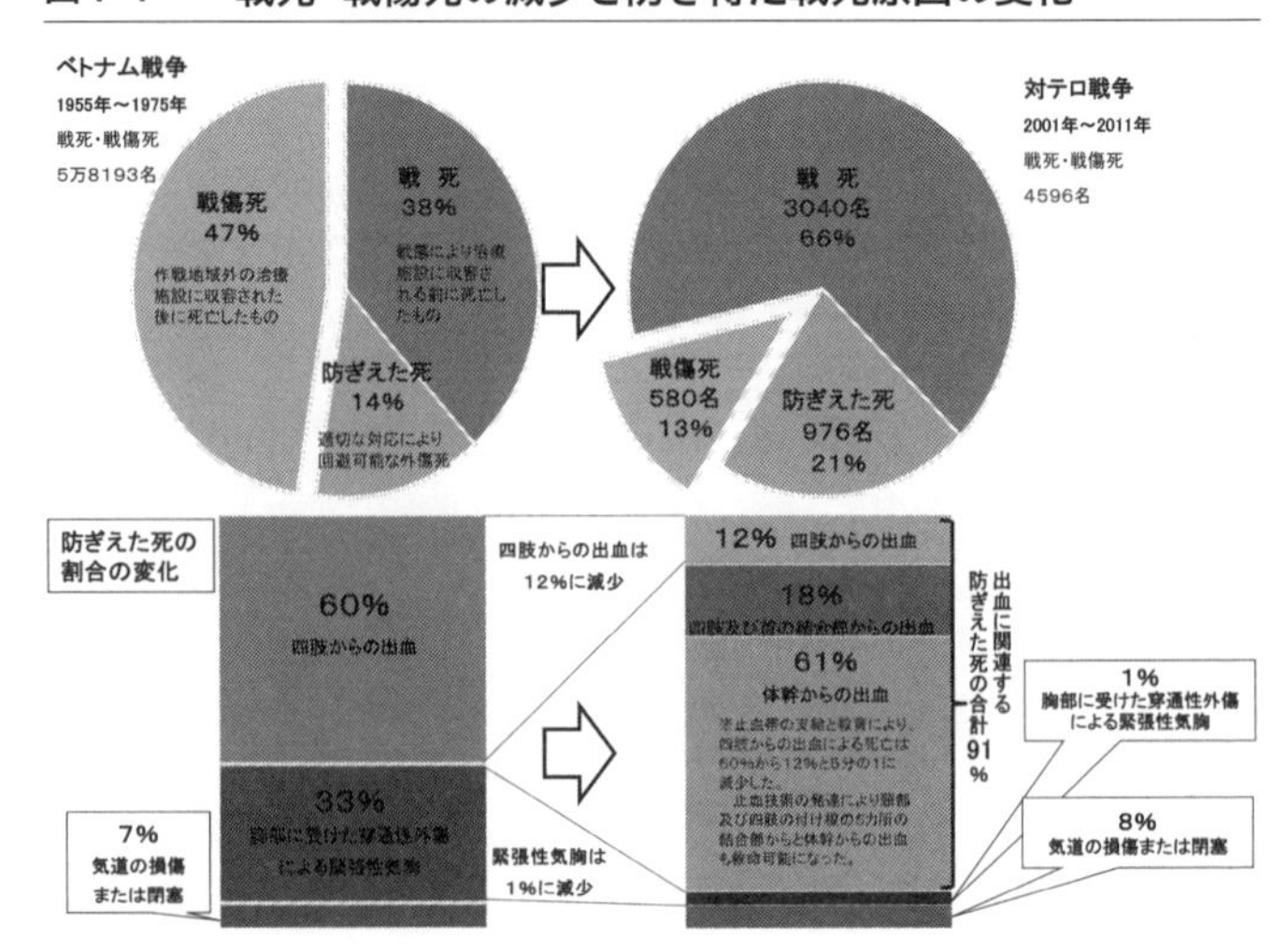

出典：Tactical Combat Casualty Care　GUIDEBOOK Howard R Champion, et al. A Profile of Combat injury. J Trauma, 2003;54:S13-19を一部改変
Brian J Eastruge, Mabry RL, Seguin P, et al.: Death on the battlefield(2001-2011)
Implication for the future of combat casualty care. J Trauma Acute Care Surg 73(6 Suppl 5) : S431-S437, 2012を一部改変

円グラフ「戦死」「戦傷死」と下側の棒グラフ受傷後の適切な対応による「防ぎ得た死」が明らかになってきた。

「戦死」「戦傷死」の減少には、防弾ベスト等の防護具の着用が重要である。グラフの左側「ベトナム戦争」から右側の「対テロ戦争」へ、救命率は向上したが、自衛隊はまだ左側のグラフを参考にしている。

アメリカ連邦捜査局（FBI）の分析によれば、銃で撃たれた場合、防弾衣を着用していれば生存率が14倍になる(Tactical Medicine Essentials 2nd Edition, 2019, Jones & Bartlett Learning)。

しかし、防弾プレートが銃弾の貫通を阻止したとしても、防弾プレートの身体側は最大44ミリまで膨らむことがある(防弾ベストの規格)ため、その衝撃により肋骨が同時に連続して何本も骨折したり、内臓が損傷したりするなどの「防弾ベスト外傷」により、銃弾が身体を貫通しなくとも受傷後30分程度で死亡してしまうこともある。

防護具は交通事故のシートベルトやエアバッグ同様、外傷死による死亡率を減少させるものであり、完全に防ぐものではないことを念頭に置いて、被弾したならば30秒以内に対応しなければならない。

防弾ベストは正しく着用することで初めて機能を発揮する。着用時の防弾プレートの上縁は鎖骨付近に位置しなければならない。心臓が存在する縦隔や左右の肺の血管の太い部分、多量の血液を蓄える肝臓、脾臓などを正しく防護するためである。

今回、安倍元総理の警護計画やSPの振る舞いが批判されたが、それ以前の問題がある。果たして、日本の警察官は正しく防護具を着用できているか、という点だ。安倍元総理についても、事件後「防弾チョッキを着ていれば……」という指摘があったが、仮

図4-5　日本と世界の防刃ベスト着用の差異

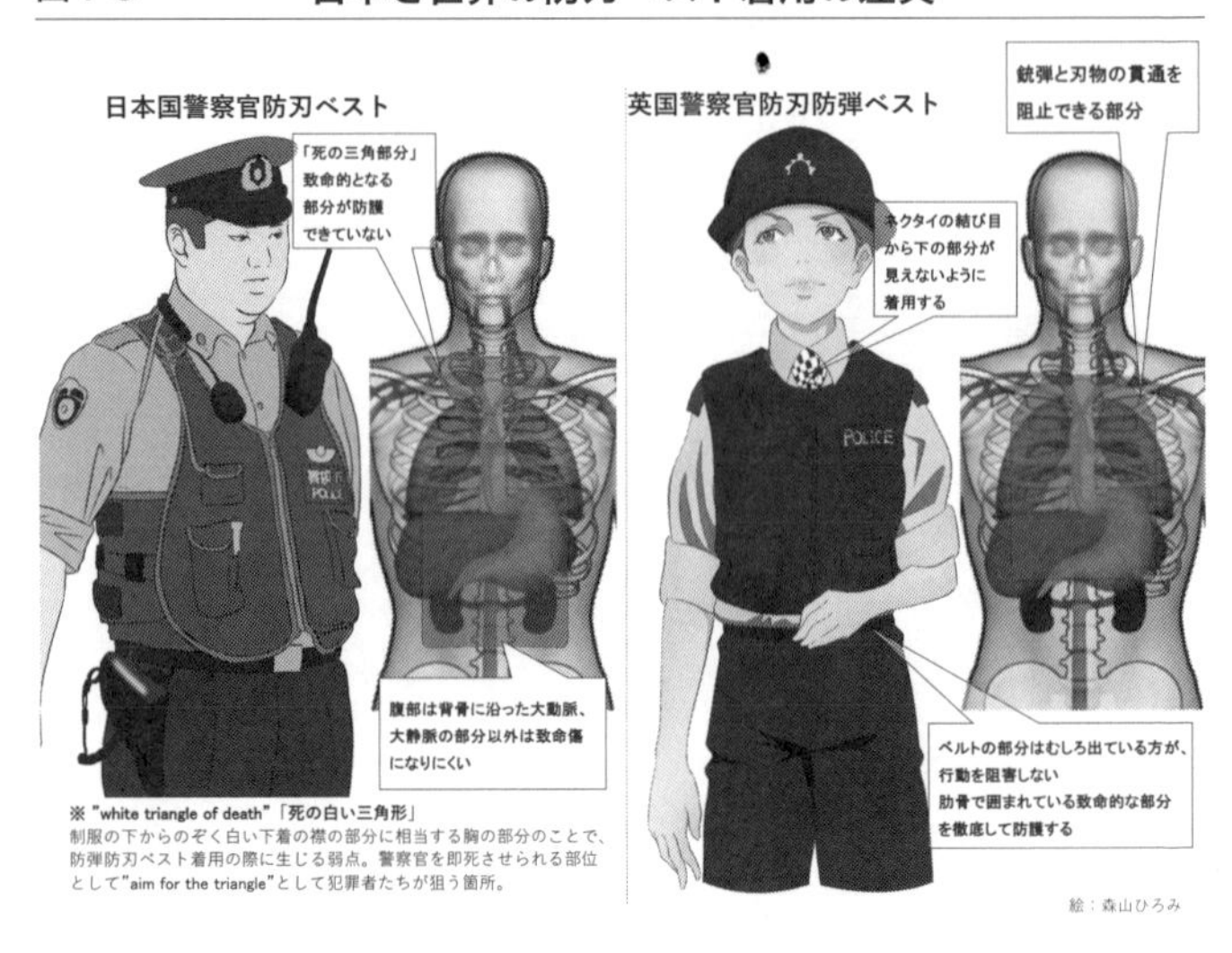

に着ていたとしても正しく身に着けていなければ効果は発揮されない。

防弾ベストの着用の仕方を一瞥すれば、その国の警備レベルや緊急事態対処医療の質がわかり、これは国家の信頼に直結する。

成田空港に降り立った外国人を最も不安にさせるのは、警察官の不適切な防刃ベストの着用だと、筆者はよく耳にする。実際に発生した事件を考察しても、図4－5の英国警察官のように正しく着用していれば防げたであろう警察官の殉職もある。

日本の警察官は防刃ベストを着てはい

ても、着方が間違っている。警察官のほぼ１００％が防護できていない首元の部分は海外では「死の三角部分」と呼ばれ、犯罪者が撃つ、刺す際に最も狙う部分だ。各国の防弾・防刃ベストは英国警察官の絵のように、激しい運動をしても、この致命的部分を防護できるよう、デザインされている。

一方で腹部は背骨に沿った部分以外は致命傷になりにくいため、行動しやすいよう、防護力は省かれている。正しい着用とは首元は隠してお腹は出すのであって、日本の警察官、駐屯地警備の自衛官らは真逆の着用をしている。これは日本の安全上の信頼を大きく損ねる印象を内外に与えるので早急に改善すべきだ。

米軍は湾岸戦争時に兵士に防弾ベストや防弾ゴーグルを支給したが、暑さのために着用が徹底されないことに悩まされた。防弾ゴーグルはデザインが悪いことも災いした。そこで、防弾ゴーグルは快適さを追求、サングラスメーカーと共同で格好のいいサングラスを防弾仕様にした。

さらに映画で俳優に着用させて見せるなどの方策により、兵士が現場で常に防弾サングラスを着用するようになった。防弾ベストなどの保護具着用の徹底には、その機能以外の要素も大きいのである。

■無差別大量襲撃に対処するためのトリアージ

防護能力と戦闘能力はトレードオフ（一方を追求すれば他方を犠牲にせざるを得ない）の関係にある。ベトナム戦争当時の防弾プレートは、レントゲンに写った、損傷を避けたい内臓の外側の輪郭に沿ってデザインがなされた。しかし、こうして定められた防弾プレートの防護面積では大きすぎて、重量が重くなる、銃を構えにくくなる、自動車の運転がしにくくなる、ロープでの昇降に支障が出るなど、戦闘能力の低下を招いてしまった。

そこで、現在の防弾プレートであるＥＳＡＰＩ（Enhanced Small Arms Protective Insert）は、最大でも幅２８０ミリ×縦３５６ミリと、当初の防弾プレートから防護面積が半分程度にまで減少した。

防護面積の減少に伴い、胸部外傷が増えることは避けられなくなる。そこで、２０１４年12月から支給を開始している米陸軍の個人携行救急品「ＩＦＡＫⅡ」には粘着性の極めて高いチェストシールが含まれるようになった。

このように、防護力、戦闘力、救急処置能力は総合的な最適化を図らなければならない。

次に救護・治療能力の投入だ。

外傷救護・治療における国際的な考え方として、「ゴールデン・アワー」がある。「ゴールデン・アワー」は、アメリカ・メリーランド州で研究された、受傷してから1時間以内に外科手術を受けられた負傷者の生存率が最も高いことが判明した統計による目標時間だ。

しかし、現在では「一律一時間以内」とするよりも、症例の緊急度に応じた時間尺度を持つべきとして「ゴールデン・ピリオド」という考え方に改めるようになった。

平時の救急医療で、緊急度に応じて時間差をつけて対応する態勢で臨んでおくことは、有事の医療対策として非常に重要だ。

「プラチナの10分」も「受傷直後の最初の10分間」と考えられていたが、現在では現場に救急隊が到着する時間や病院への搬送時間、病院内での手術開始までの準備時間を差し引いて算出された「現場で実施する救護活動に許容される時間を10分以内とする」に改められた。限られた時間内で、適切な対処を施さなければならない。

今回、銃撃されたのは安倍元総理1人だったために、救急搬送、ドクターヘリでの搬送、病院収容、治療を行うことができた。しかし複数の被害者が出ていた場合には、救急医療体制の破綻が起き、さらにはトリアージの必要性も出てくる。

トリアージ（triage）とは、重傷度や治療緊急度に応じた「傷病者の振り分け」を意味する。災害時や事故によって複数の傷病者が一気に発生した場合、医療スタッフや医薬品などの医療資源が限られるため、より効果的に傷病者の治療を行うために、治療や搬送の優先順位を決定しなければならない。

平時医療体制が破綻した際は、同時多発した重症傷病者を選別し、適切に順序をつけ、いかに1人ずつの治療に持ち込むか、その方策こそが最大多数の救命の鍵となる。

■テロ対処で有効だったフランスの「カマンベールチーズモデル」

こうした備えを日頃から準備しているのはアメリカに限らない。フランスには、2015年に発生したパリ同時多発テロ事件で有効性が実証された有事医療体制「カマンベ

図4-6　Roles of Medical Care

Role1	大隊収容所	後送に耐えうるための応急処置と衛生科部隊への引き継ぎ
Role2	旅団収容所	限定的初期外科手術、生命と機能の維持に限定した治療
Role3	統合軍戦闘支援病院	決定的治療につなぐための治療
Role4	総合病院	決定的治療または専門的治療

ールチーズモデル」がある。パリを円形チーズを切るように区分し、都心部と郊外を連携させるもので、郊外の病院は医師・看護師を都心に派遣し、都心の軽症者を郊外の病院が受け入れて、都心の病床を空ける。

有事では平時のような救急医療施設を備えた総合病院は機能しなくなるため、移動が容易な小規模の野外治療施設により、現地での応急治療から病院での決定的治療までの間の治療の中継を行う。

その治療機能の区分が図4－6のRole1～4で、これは米軍もNATO軍も共通だ。以前は治療水準で区分されていたが、前線で高度な治療を行うこともあり、治療ではなく各治療施設の「役割」と考えたほうが適切と考えられるようになった。

最前線の野外治療施設の一例

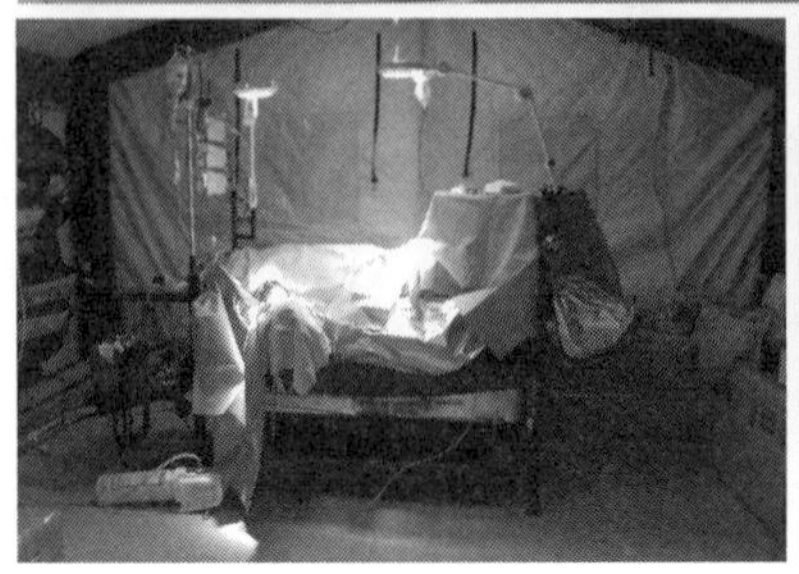

上／フランス軍Role2収容所　左下／フランス軍Roll2収容所が備える外科的応急治療設備
右下／使い捨て酸素発生装置（Eurosatory2018 フランス軍展示会場）

フランスには平時と軍事共通して救急救命士制度がなく、最前線の戦闘部隊60人に対し軍医1人と正看護師1人の医療チームが同行する。

衛生兵に相当する准看護師は最大支援時には4〜7人の戦闘員につき1人が配置される。60人の戦闘部隊は30人単位の2つに分かれて展開することが通常で、平均して30人の戦闘部隊に対し、軍医か正看護師が1

人、専属の准看護師1人が医療支援を行うRｏｌｅ1「応急治療」態勢が執られる。Rｏｌｅ1応急治療施設は上写真の左方にあるような落下傘により空中投下可能なコンテナ8個から構成される。

収容所となるテントは、空気膨張式支柱を採用しているため、広げてコンプレッサーに接続するのみで、15分で自動的に立ち上がる。米軍の野外治療施設は工兵が設営するが、これは人的資源が潤沢な米軍のみが可能であり、フランス軍は設営を自動化することで省力化を図っている。

テントに長いフレームを使用しないため、運搬時の荷姿が小さくまとまり、車両、ヘリコプターなどの輸送手段に柔軟に対応できる。フランス軍では写真上にあるテント型治療施設を1単位として標準化し、数多く保有することで、支援が必要な地域へ投入する体制を採っている。

自立型テントは手術台3台を備え、脳神経外科医1人、胸部外科医1人、腹部外科医1人、手術室特技看護師1人、麻酔科看護師1人によるRｏｌｅ2「応急外科治療」施設としても充分な空間を備える。Rｏｌｅ1と2が共通化され、必要な地域へ多数投入できる体制により、戦争でも大災害でも人命救助に効果的な医療支援が可能だ。

一方でRole3「専門治療」を行う野外医療施設は削減し、旅客機を改造した集中治療を行える飛行機で運ぶこととし、海外に展開する部隊もしくは特殊作戦時に運用する規模にとどめている。

有事の際には、軍の医療部隊と地域の民間医療機能を一体化し、Role3からRole4「決定的治療」を行う方針だ。

日本は、阪神・淡路大震災以降、東日本大震災までの間に、約15個の各師・旅団に4単位程度あったRole2野外治療施設を各1単位に削減し、残りを5個方面隊に集約した。これは、必要とする地域に展開できる野外治療施設の規模が単純計算で4分の1に減少したことを意味する。機能ではなく人手不足に合わせた改編であろう。

東日本大震災は、こうした中で起きた。有事に備えるべき医療機能を削減するのなら、それを補完できる体制整備を完了していることが必須である。発災当時、筆者は岩手駐屯地に勤務し、最初に被災地入りした陸上自衛隊衛生科部隊の隊長だった経験を顧みると、陸自のRole2治療施設削減施策には疑問を感じざるを得ない。

来る有事、テロ、予測される首都直下地震や南海トラフ地震などの大災害に備えるためにも、自衛隊の体制見直しは急務である。

なぜ日本はテロ経験から学ばないのか

日本もテロの経験はある。1970年代の爆発事件だけでなく、ここまで何度か触れているように、世界にも稀な化学兵器によるテロの被害、地下鉄サリン事件に見舞われている。

筆者は2017年3月31日、インターネットのニュース番組「ABEMA Prime（アベプラ）」に有識者としてゲスト出演した。特集コーナー「所太郎の今だから言える〝真実〟」の「地下鉄サリン事件から22年〜日本は安全なのか？〝国内テロ対策〟の現状〜」で見解を述べた。

同年1月に筆者が渡米した際にも「日本でのサリンアタックへの対処はどこまで進歩したのか」「東京五輪でのCBRNe（第三章参照）事態対処は進んでいるのか」との質問を世界中の関係者から受けたが、果たして何か目立った対策として、日本人の誰もが思い浮かべられるような施策があるだろうか。

事件を振り返り、日本のテロ対策の現状について考察したい。「地下鉄サリン事件」とは、1995年3月20日、オウム真理教が都内の地下鉄車内で、神経ガス「サリン」を散布し、乗客や駅員ら13人が死亡、約6300人が負傷した、戦後最大級の無差別殺人事件だった。

警察庁による正式名称は「地下鉄駅構内毒物使用多数殺人事件」だが、世界では同時多発テロ事件として衝撃的に受け止められ、大都市で一般市民に化学兵器が使用された史上初のテロ事件として、世界中の治安関係者を震撼させた。事件当時、筆者はテレビ局で報道番組の制作に従事しており、マスメディアの観点からこの事件を捉えていた。同年に陸上自衛隊に入隊し、化学兵器への対処法についての訓練を受け、さらに衛生科幹部となってからは化学兵器によって発生した傷病者の医学的対処について専門教育も受けた。

テロや災害は一度に多数の重症傷病者を同時に発生させることに対して、処置や治療は1人ずつ行うほかない。平時医療体制が破綻した際には、同時多発した重症傷病者を

図4-7　トリアージタッグの違い

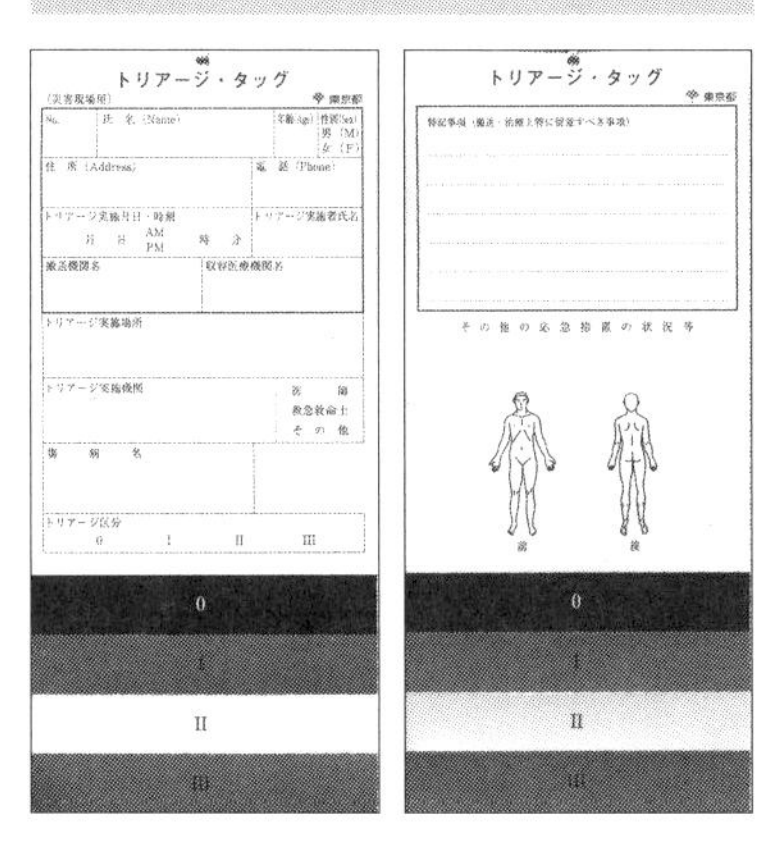

変化に対応できる。
折りたたみ式で記述量も多く
バーコード管理が可能

CBRNe対応カードと
収納ポケットを備える

選別し、治療を待つ時間差をつけることで、いかに順序よく1人ずつの治療に持ち込むか、そのための「戦術」に必須のツールがトリアージタッグだ。図4-7のように日本で標準化されているトリアージタッグは今でも「もぎり式・複写式」だが、海外では「折りたたみ式」が普及し、CBRNe対処機能が標準的に備えられている。

記述面積がもぎり式よりも折りたたみ式のほうが3倍以上もある。筆者は実際に東日本大震災での災害派遣活動中に目にしたが、被災地の病院で電子カルテのシステムがダウンした際にカルテの代用としたものは、もぎり式のトリアージタグであり、記述面積の少なさが問題となった。

1枚のタッグに書ききれない場合は2、3枚目とタグを追加して患者に縛着するのだが、情報が分散して掌握しづらい。他方、折りたたみ式トリアージタッグはカルテの代用として機能しうる十分な記述面積と機能的な紙面を備えている。また、もぎり式タッグの最大の短所は、変化に追随できないことだ。

世界は「動的に変化する状況への柔軟な対応」を重視して、平時医療の破綻に備えている。自然災害は時間が経つにつれ収束に向かう傾向がある一方、人の自由意思がもたらすテロは状況の変化を予測し難いためである。

そのため、医療面での考え方も従来の3Rに「適切な救護・応急治療によって時間差をつける」(The Right care) を加えた4R、すなわち「救護・治療を必要とする傷病者を正しく選定し、それらを適切な場所で、適切な時間に提供すること」(The Right care to the Right casualty at the Right location and Right time) に進化している。

時間概念もゴールデン・アワーのような「〜以内」とは真逆の「時間を稼ぐ、時間差をつけて、1人ずつの治療へ持ち込む、稼いだ時間を必要な重症傷病者に回す」（Buy the Time）に移行した。

発災現場から決定的治療を受けるまでに、トリアージ区分は入れ替わることもあり、もぎり式タグでは対応できない。トリアージとは、同時多発した重症傷病者を選別し、順序よく1人ずつの治療に持ち込む戦術だが、2010年頃からこの概念が大きく進化した。

まず、医療従事者が対応するものは赤（緊急治療群＝Immediate）と黄（非緊急治療群＝Delayed）のみで、緑（治療不要もしくは軽処置群＝Minimal）グレー（期待治療群＝Expectant）、黒（死亡あるいは救命困難群＝Dead）は扱わない。この概念を頭文字を取ってＩＤ－ＭＥＤ分類という。傷病者を医療の専門的対応を必要とするＩＤと必要としないＭＥＤに2分し、現場ではＩとＤの区別はしない。混乱している現場では単純明快が最良のためだ。

緑は医療従事者ではなく市民自らが対処する。軍隊では以前、軽傷の者から優先的に治療し戦力を維持する考え方をしていたが、現在では軽傷は将兵自らまたは相互に処置し合う範疇にある。医療従事者の役割分担も手足の外傷の外科的処置は看護師が、気道管理と麻酔は歯科医師が担うことで、医科医師は頭と胴体の損傷治療に専念できるようにしている。

看護師には「療養の世話」よりも「診療の助手」としての能力が重視される。折りたたみ式トリアージタッグが開発され、普及した背景にはこうした概念の大きな変化があり、このことの有効性はパリでの同時多発テロ事件など、さまざまな現場で実証されてきた。

その一方で、日本が今でももぎり式タッグを使用していることは、トリアージの概念が進化していないことの証左でもある。早急に海外がこの22年間に培ったものを学び採り入れなければならない。まず、情報は取りに行くもの、獲得するものという意識を持ち態勢を整えることだ。

■重要なのは「最大多数の最大救命」の実現

深刻な状況にある現場ほど、その情報が伝わらない。これは現場の情報を発信する人がいない、余裕がないためだ。そこで海外の特殊なＤＭＡＴ（災害派遣医療チーム）のように現場に医療ニーズを取りに行き、共有し連携する体制づくりが必要となる。いかなる事態でも共通する対処法は同じであり、単純なものだ。「まず情報を収集する」「混沌とした現場に秩序をもたらす」「同時多発した傷病者をひとりずつの治療へと持ち込む」この３つのことを実行できる戦術を、これから日本は早急に整備しなければならない。

だが、自衛隊が米軍のＴＣＣＣ（第二章参照）を誤認識しているうえ、最大多数の最大救命を実現する戦術を持っていないことは致命的だ。救急隊や警察・自衛隊、地方自治体の連携についても区分された場所での個々の活動は進められているものの、機能的な連携は未発達の段階にある。早急な対策を講じなければならない。

■負傷者26名の搬送に5時間半かかった大量殺傷事件

刃物を使ったテロもある。２０１６年7月26日午前2時に、まさに「平時医療体制が破綻」する事件が起きた。相模原障害者施設殺傷事件では、19人が死亡、重傷20人を含む負傷者26人が発生した。単独犯の刃物を使用した犯行により、戦後最大規模の殺傷事件が平和で安全であるはずの日本で発生したことは世界中に衝撃を与えた。

防犯カメラの映像から、犯人は午前1時37分に事件現場となった神奈川県相模原市の知的障害者施設「津久井やまゆり園」近くに乗用車で乗りつけて犯行を準備、午前2時50分頃車に戻り走り去ったことが判明している。

車から現場までの移動時間、施設内への侵入、夜勤職員の拘束などの時間を差し引くと、犯人はわずか1時間ほどで45人の首を切りつけ、1人当たり2分を要さずに深さ4〜5センチに達するほどの致命傷を与えて19人を死に至らしめたことになる。

病院搬送完了まで5時間における警察や救急医療の対応は次のとおりだ。

「刃物を持った男が暴れている」と神奈川県警と相模原市消防局に通報があったのが午前2時38分、救急の先発隊が現地に到着したのがその約30分後の3時4分、最初に患者を搬送できたのは通報から約1時間半後、事件発生から4時間たっても救急搬送が終わらず、負傷者26人全員の病院への搬送が完了したのは約5時間後だった。

重傷者を受け入れた病院には現場から30キロ近く離れていたところもあり、時間記録だけでも平時目標の「プラチナの10分、ゴールデン・アワー（受傷してから1時間以内の手術開始)」は、10人単位で重傷者が発生する事態では、とても達成できないことが露呈した。

被害者はいずれも首を刺されたり切りつけられており、重傷者には血液の3分の2を失う瀕死の状態の人もいた。一刻を争って病院へ搬送すべきなのに、これほどの時間を要したのはなぜか。まず発生時刻や地理的な条件が悪かった。未明に起き、現場は救急医療施設の少ない郊外かつ山間部だったため、必要な救急隊員や医師を確保するのに時間を要した。

先発隊の救急隊長からの報告で被害状況が判明するにつれ、対応能力を超えていると判断するや、近隣自治体や病院に応援要請をしたが、救急車は神奈川県内だけでは足りず、東京都や山梨県からの応援を必要とした。

最終的には東京消防庁などの応援も含めて計42隊、135人が救急活動に従事した。近隣の病院からも「ドクターカー」計4台が駆け付け、早期に救命のための治療が行えるように努めた。救急隊の被害状況の把握に時間が掛かったことも、応援隊到着までに長い時間を要した原因となった。

原因は刃物を持つ犯人が存在する「危険」だ。この危険への対応こそが初動対応に苦慮をもたらした。元職員の26歳の植松聖容疑者が犯行に及んでいるとの情報は、施設の夜勤職員の携帯電話から、無料通信アプリＬＩＮＥによって非番の職員に伝えられた。夜勤職員は犯人に結束バンドで拘束され、刃物による恐怖も重なり、被害状況を正確に把握するのは不可能だった。

当初、先発の警察と救急隊にもたらされた情報は「刃物による負傷者は3人」で、先発隊到着時にはまだ犯人は施設内にいると判断された。そのため、救急隊のうち防刃ベストを着用できた3人以外は防火服を着用した。防火服の材料のアラミド繊維は防弾ベストの素材で、刃物による切りつけにも強いため適切な判断だ。

こうして安全を確保して広い施設内で死傷者の探索が手探りで始められ、全容が判明したのは夜明けだった。事件の被害者は重度障害者であり、災害が発生して身に危険が迫った場合の情報収集や避難行動に対して、ハンディキャップを持つ人、「災害弱者」に相当したことが傷病者評価とトリアージを難航させた。

現場で活動した救急隊員によれば「大丈夫ですか！」と声を掛けても半数以上から返

事がなく、障害で言語が不自由なのか、負傷のためなのかがわからず、搬送の判断は困難を極めたという。

この事件により、日本国内で大量に負傷者が発生する事態では、救急搬送され治療を受けるまでに長い時間を要することが改めて露呈した。取るべき対策は、テロのような刃物や銃器、爆発物などで多人数を同時に殺傷する事態では、自分自身で生き残り、現場の人間で救命を行えるようにすることだ。

■医療現場もテロや無差別犯の標的になる

医療従事者が行える安全確保として、最も簡単なものは「タクティカルライト」、つまり高輝度懐中電灯の携行になる。海外の警察が凶悪犯罪を制圧するのに用い、催涙スプレーのような「非致死性武器」の範疇に含まれるものだ。強力な光線は犯人を一時的に盲目にし、その脅威を圧倒できるため、今回のような深夜の凶行に極めて有効だ。警棒のように犯人と接触する必要もないし、容疑者に過剰な外傷を負わせるおそれもない。

最近、救急外来に備えられるようになった「刺股」を、逆に犯人に奪い取られる事案が発生しているが、そうしたおそれも少ない。傷病者の観察にも明るさが奏効し、軍隊での傷病者救護ではイラクやアフガニスタンで数千人の救命につながったことから、国際標準の外傷救護・初療テキストでは、救急隊員や医療従事者の携行が推奨されている。

(『救急救命スタッフのためのITLS 第4版』メディカ出版、Tactical Medicine Essentials 2nd Edition, Jones & Bartlett Learning)

　高輝度懐中電灯は刃物による犯行に対しては、犯人の顔面を照らし続けることで脅威の抑制を有効に行うことが可能だが、銃器に対しては専門の訓練が必須となる。負傷者の救護には、専用の救急処置用器具や資材が必要となる。今回の事件の特徴である頸部の穿通性外傷では、頸動脈の大出血そのものも致命的であるが、2～3分以内に著明な血腫が気道を圧迫し、気道閉塞を生じることもある。

　大出血に呼吸困難を伴うおそれがある致命的外傷であるため、一刻を争う。

　負傷者に最も近いところに居合わせた人による救急処置が救命には最も効果的だが、それには、専用の資材と専門の訓練が必須だ。専用の資材としては、厚手のガーゼに弾性包帯や包帯固定具、沈子（ちんし）などが組み合わされた「モジュール型包帯」が理想的だ。

このモジュール型包帯は軍隊や警察で銃創や爆傷、刃物による致命的な外傷に、迅速に救急処置を提供するために発展を遂げてきたもので、日本国内では在日米軍や自衛隊が採用している「イスラエルバンテージ」（商品名「エマージェンシーバンテージ」）が多く流通している。

頸部の開放創に対しては、血管開放部より空気が入ることで、脳、心臓、肺の空気塞栓を生じることのないよう密封閉鎖が必要となる。この際、便利なように「イスラエルバンテージ」には丈夫な外装と薄くて滅菌されている内装の2重包装になっており、内装を用いて頸部開放創の密封閉鎖を行う。

モジュール型包帯は専門の訓練が必要となるため、一般人には使いにくい。そこで三角巾を多機能化した「万能三角巾」が開発された。三角巾は誰もが見たことがあるため、手にするなり直ちに使用できる（110ページの写真参照）。

筆者が主催するTACMEDAでは、まさにこの訓練を毎週のように提供している。

止血には厚手のガーゼに縫い付けられた弾性包帯を用いて圧迫を加える必要があるが、単純に首に包帯を巻いてしまっては首が絞まってしまうので、適切に行うためには専門の訓練が必要だ。訓練していないことはいざという時には当然、再現できない。それが生死を分けるがゆえに、なおさら重要だ。

第五章

「市民救護」があなたを救う

■その時、私たちに何ができるのか

平時医療体制が破綻する事態となった場合、治療能力に比べ、重症外傷傷病者数が途方もなく多くなる。その際の最大救命の鍵となるのは、いかに診療資格を持たない市民を診療の介助に動員できるかであり、それにより医療従事者、特に医師が治療に専念できる環境を整えることだ。

日本の災害医療の最大の弱点は、ファースト・レスポンダー（一定頻度者）の救護・救命教育がほとんどなされていないことや法的整備がなされていないことだ。テロや戦争、大規模自然災害のような平時医療体制が破綻する事態での最大の弱点であると、世界中の専門家から指摘されている。

日本では、バイスタンダーが救命行為を行ううえでの免責については、よく議論される。しかし、業務の内容や活動領域の特性から一定の頻度で、外傷傷病者に遭遇する者、心停止者に対し応急の対応をすることが期待・想定されているファースト・レスポンダーには職務として人命救助・救護・救命を行う義務があり、それらの実施に過失があった場合や、その職務中にそれらを行わなかった場合（不作為）は法的責任を問われることについて話題に上ることはほとんどない。

日本では、医業について医師法第17条に「医師でなければ、医業をなしてはならない」と規定されている。だが、これまで述べてきたように、心原性心停止であれば3分経過時に死亡率が50％、テロによる銃創、爆傷、刃物による致命的外傷では受傷後1分で死亡率が50％に達してしまう。しかも、救急車の現場到着平均時間は、2021年で7分20秒と、10年前の6分10秒から延びている（東京消防庁管内）。

また、東京消防庁管内の救急車は251隊であり、渋谷区を例に取ると、そのうち稼働する救急車が7、8台しかないから、重症傷病者が同時多発する事態になれば、市民自らが人命救助・救護・救命を行い、医療従事者の診療を介助し、医師が治療に専念できる環境を整えなければ最大多数の救命を実現することはできない。

傷病者発生現場にいる非医療従事者が救命のための重要な役割を担っていることは明白であり、欧米では小学生から「救急法」を学校で習っている。しかし、日本では国民全員に人命救助・救護・救命教育を施し、その質を維持し続けることは不可能だ。そこで、国や会社等の責任が及ぶ範囲として整備されているのが、職務として人命救助・救護・救命を行うファースト・レスポンダーだ。日本では「一定頻度者」とも呼ばれる。

日本でどの職種・立場の人が「一定頻度者」に該当するかは、厚生労働省の通達などでの明確な規定はないが、一般的に次の職務が一定頻度者と見做されるようだ。

スポーツ施設・公衆施設・学校・公共施設等の関係者、スポーツ指導者、公務員、自衛官、海上保安官、警察官、消防士、消防団員、教員、養護教諭、介護ヘルパー、介護福祉士、客室乗務員、空港関係者、保安関係者。これらは職務として人命救助・救護・救命を行う義務があり、過失や不作為においては法的責任を問われることがある。

警察庁や総務省消防庁、厚生労働省、日本医師会、日本赤十字社などが共同で編纂した「救急蘇生法の指針２０２０」には、「善意に基づいて、注意義務を尽くし救急蘇生を実施した場合には、民事上、刑事上の責任を問われることはないと考えられています」と法学者の通説が記述されているのみで、免責がはっきり謳われているわけではない。

しかしながら特別職国家公務員で、平時は教育と訓練に専念できるため、ファースト・レスポンダーとしての能力が最も高く、動員力を発揮できると期待されているはずの自衛隊員の救護・救命能力が乏しい。そのことは本書でも指摘してきたとおりである。

■事件・事故現場で必要な「SABACA」の観点

本来、ファースト・レスポンダーが担うのは「SABACA」だ。

・Self-Aid＝自己救護
・Buddy-Aid＝相互救護
・Civilian-Aid＝市民への救護の提供

これらの頭文字を取ったもので、英語のfirst aidには「応急処置」「応急手当」「救急処置」など、さまざまな訳語が当てられているので、ここで整理したい。応急処置は、救急隊員が行うものと定義されている。これは自衛隊も共通している。医療の専門教育を受けた公務員が、医師による治療を受けられるまでの間、「傷病者」（Casualty）の生命を維持したり、症状が悪化しないようにしたりする行為を指す。

これに対し、「一般市民」（Bystander）や「一定頻度者」（First Responder）が行うものを「応急手当」と呼ぶ。最近は、銃創・爆傷・刃物による致命的大出血ではわずか1分で、心原性心停止では3分で死亡率が50％に達してしまうことから、止血法と心肺蘇生法を「救命処置（手当）」と呼び、より緊急性の高い表現となった。

自衛隊では負傷した隊員自ら、または相互に行う処置は救急処置と定義されている。「生命の急は自ら救うよりほかにない」ためだ。一方で衛生科の救護員が行う応急処置は「救急処置に対して医療専門技術で応じる」という考え方である。

このほか、医師が行うものは「治療（treatment）」。傷病者が医師に引き継がれ、治療が始まると「患者（patient）」と定義される。ここでは一般市民や一定頻度者が傷病者に対して行う止血法と心肺蘇生法を救急処置とする。

ファースト・レスポンダーは医療従事者ではないから、重症傷病者を生命の危険から完全に救い出すことはできない。しかし、大腿部に受けたライフル弾銃創を例に挙げると、何もしなければ3分で失血死するところだが、適切に緊縛止血を行うことで20分間、90％の死亡を回避できる。20分以上は緊縛止血による阻血痛に耐えられなくなるので、医療従事者による疼痛管理が必要になるが、20分間、死を回避できたのであれば医療従事者に引き継ぐことができる。

一方で、いかなる名医であっても死亡した人を蘇らせることは不可能である。だからこそ米軍は全将兵に対するファースト・レスポンダー訓練と装備を充実させ、防ぎ得た

図5-1　現在のファースト・レスポンダーカード

TCCC CARD

BATTLE ROSTER#:
EVAC CATEGORY: □ URGENT □ PRIORITY □ ROUTINE
NAME (LAST, FIRST): LAST 4:
GENDER: □M □F DATE (DD-MMM-YY): TIME:
SERVICE: UNIT: ALLERGIES:
MECHANISM OF INJURY: (X ALL THAT APPLY)
□ ARTILLERY □ BLUNT □ BURN □ FALL □ GRENADE □ GSW □ IED
□ LANDMINE □ MVC □ RPG □ OTHER:
INJURY: (MARK INJURIES WITH AN X)
TQ: R ARM Type: Time:
TQ: L ARM Type: Time:
TQ: R LEG Type: Time:
TQ: L LEG Type: Time:
SIGNS & SYMPTOMS: (FILL IN THE BLANK)

Time				
Pulse (Rate & Location)				
Blood Pressure	/	/	/	/
Respiratory Rate				
Pulse Ox% O2 Sat				
AVPU				
Pain Scale (0-10)				

JUN 2014　PAGE 1 OF 2

TCCC CARD

BATTLE ROSTER#:
EVAC CATEGORY: □ URGENT □ PRIORITY □ ROUTINE
TREATMENTS: (X ALL THAT APPLY, AND FILL IN THE BLANK) TYPE:
C: TQ- □ EXTREMITY □ JUNCTIONAL □ TRUNCAL
DRESSING- □ PRESSURE □ HEMOSTATIC □ OTHER
A: □ INTACT □ NPA □ CRIC □ ET-TUBE □ SGA
B: □ O2 □ NEEDLE-D □ CHEST-TUBE □ CHEST-SEAL
C:

	Name	Volume	Route	Time
Fluid				
Blood Product				

MEDS:

	Name	Dose	Route	Time
Analgesic				
Antibiotic				
Other				

OTHER:
□ COMBAT-PILL-PACK □ EYE-SHIELD (□R □L) □ SPLINT
□ HYPOTHERMIA-PREVENTION TYPE:
NOTES:

FIRST RESPONDER
NAME (LAST, FIRST): LAST 4:
JUN 2014　PAGE 2 OF 2

戦闘外傷死を96％以上回避することを達成した。自衛隊で実技試験が課せられているのは緊縛止血法のみだから、防ぎ得た戦闘外傷死の回避率は良くて4％だろう。

自衛官は「日本のファースト・レスポンダー」と期待されながら、その能力が欠如しているが、米軍では「ファースト・レスポンダーカード」というカードが使用されている。対テロ戦争の統計から、3000例の戦闘外傷救護・治療で、記録された割合が10％に満たなかったことが判明した。前線で活動するMEDIC（衛生特技軍曹）や軍の看護師、軍医は治療に追われており、とても記録する余裕がないためだ。

そこで、一般将兵が診療記録を担うようになり、記載するための訓練が行われるようになった。ファースト・レスポンダーカードの記載内容は止血帯の装着位置と緊縛止血の開始時間、受傷原因、意識レベル、脈拍、呼吸数、血圧の経時変化、輸液の輸液路と量と時間、使用した医薬品、外科的気道確保まで含めた応急処置の記録などである。当然ながら全将兵がこの記録を行うための観察、診療の介助技術を備えている。

ファースト・レスポンダーカードは当初は簡単な絵と表のみだったが、現在は表裏の図5－1のように、より具体的に、記入者の記憶に頼らなくとも正確に記入でき、記載内容が一目でわかるように改良された。

観察や記録は訓練すればできることだが、それらが救命において重要であることは、このカードがよく表している。

■AEDは本当に有効か、いつ使えばいいのか

昨今、人命救助で話題に上ることが多いのはAEDだろう。「使い方がわからない」「いざという時、どこに設置されているかを把握していないから使えない」というもの

から始まって、「使うべき時と、そうでない時の見分けがつかない」、さらには男性が女性に使う際に衣服をどうすべきかなど、ある意味ではＡＥＤの存在が身近になったからこその課題も見えてくる。

例えば２０１８年4月4日、京都府舞鶴市で開催された大相撲舞鶴場所にて、クモ膜下出血による心停止で多々見市長が倒れたわずか37秒後に、土俵に駆け上がった看護師が胸骨圧迫を開始したことが国内外で報道された。その際「クモ膜下出血であるのに胸骨圧迫をしてもいいのか」との疑問の声が上がった。

だが、脳の疾患でも心停止の場合は胸骨圧迫により脳への血流を保つべきだ。脳は身体の全重量のうち2％を占めるに過ぎないにもかかわらず、全エネルギーの18％を消費するうえに、自ら酸素やエネルギー源となるブドウ糖を蓄える機能がない。そのため、脳への血流が絶たれると秒単位で脳を構成する神経細胞が死滅していく。数十秒であっても脳への血流を絶やしてはならない。脳が重要であるため「心肺脳蘇生」と言うようになった。

加えて、胸骨圧迫前に看護師が脈拍と呼吸の確認を十分に行わなかったとの指摘も出

図5-2　心臓マッサージに伴うリスク

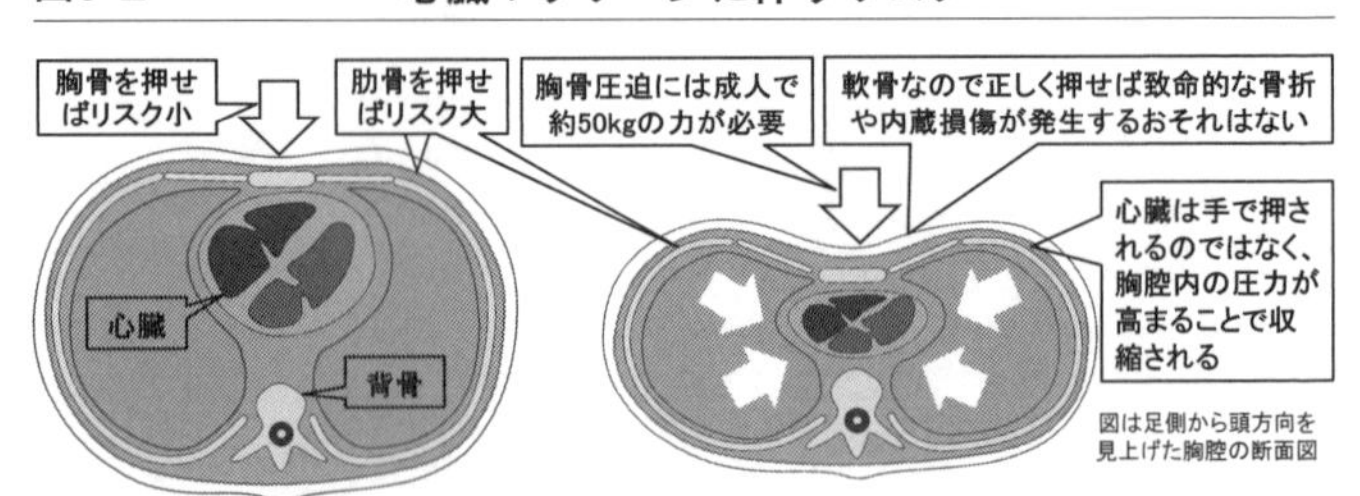

非心肺停止傷病者への胸骨圧迫によるリスク

症例数	損傷発生率
247例中5例	2%　　（※1）
72例中1例	1．4%（※2）
26例中3例	11．5%（※3）
164例中0例	0%　　（※4）

※1 White L, Rogers J, Bloomingdale M, et al : Circulation 121:91-97 , 2010
※2 Haley KB, Lerner EB, Pirrallo RG, et al : Prehosp Emergo Care 15: 282-287 , 2011
※3 Moriwaki Y, Sugiyama M, Tahara Y, et al : J Emerg Trauma Shock 5: 3-6 , 2012
※4 Tanaka Y, Nishi T, Takase K, et al : Circulation 129:1751-1760 , 2014

「心臓マッサージ」は「目的」
「胸骨圧迫」は「押す場所」と覚える

心臓は胸腔内の縦隔下部ほぼ中央に位置し、やや左に寄っている

胸骨と肋骨は肋軟骨で接続されている。高齢者は肋軟骨が石灰化（固くなる）するため、折れたり骨との接合部の破断が生じることがある

心臓が左にあると思い込み、左胸の肋骨を押して、折れてしまうことが多い

たが、経験豊富な医療従事者でも突然倒れた人の脈拍を正確に触知することは難しい。脈拍と呼吸を確認することが難しい場合は、まず胸骨圧迫を始めてしまう。女性に対して行う場合は服を脱がせることなく、まず胸骨を押す。

いずれにしても、1秒でも早く胸骨圧迫を開始する方針に改められつつある。血液循環が保たれ、胸骨圧迫の必要がないときに、傷病者が胸骨を圧迫されると、身体は内外肋間筋などを緊張させて防御しようとするため、致命的な損傷は発生せず、肋骨が折れるなどのリスクの発生率は多くても11％である。

また、抵抗なく胸骨を押せてしまう場合は、脳が機能を停止している致命的な状態なので、胸骨圧迫を直ちに開始しなければならない。心停止が疑われる場合は胸の真ん中を押してみればわかるという考え方は合理的である。

日本全国の学校で発生した生徒の心停止295件を分析した研究から、学校での心停止におけるAED（自動体外式除細動器）使用は38％であることが判明した（朝日新聞デジタル、2018年3月18日）。心停止の大半は運動中に起きており、その原因の多くが致死的不整脈による心臓の細動状態であるならば、AEDが有効の可能性は高いと考えられる。

東京消防庁による2021年の統計では、バイスタンダーによる救命があった場合は、1カ月後の生存率が約3倍になるという結果が出ている。

そこで、胸骨圧迫だけの、誰でもできる心肺蘇生の普及を通じて、突然倒れた人を救命できる地域づくりを目指す「PUSHプロジェクト」が学校でも推進されるようになった。厚生労働省が2004年7月に市民へのAED使用を解禁して以来、AED製造販売業者が把握する販売（出荷）台数の調査では、2016年までの累計で消防機関1

万9240台、医療機関12万7810台、公共施設68万8329台の合計約83万5000台に達する。

AEDは平均5年で寿命を迎えるので、廃棄されている約10万台を差し引いた73万台が、現在の日本に設置されている現実的な台数であろう（田邉晴山氏と横田裕行氏によるAEDの販売台数と設置台数の調査に関する研究。2016年度の厚労科学研究費補助金研究報告書）。

■AEDのバッテリー切れが多発？

筆者は世界20カ国でのAEDの設置状況を見てきたが、市街地の500メートル四方に1台程度ある日本はかなり普及している印象を受ける。しかし、日本国内の公共施設に設置されていて稼働するAEDは10〜20％程度ではないかとの調査結果もある。実際に東京都内の地下鉄構内などを確認してみると、AEDの横に色褪せて判読できないようなAED使用法ポスターが貼られている。

通称「ガイドライン」（心肺蘇生に関わる科学的根拠と治療勧告コンセンサス「Co

ＳＴＲ」に基づき、一般社団法人日本蘇生協議会が作成する『救急蘇生法の指針』）も、２０１０年のものである。本来なら最新の「ガイドライン２０２０」のポスターが貼られているべきだが、２０１０年のままということは、当然ながら職員に対する心肺脳蘇生法の更新訓練も行われていないだろう。コロナ禍でさらに停滞したと考えられる。

このような事態に陥っているのは、ＡＥＤの設置は任意で、貸し出し条件やバッテリー充電確認などの管理条件が設置場所の自己管理に委ねられているためだ。深刻なのはＡＥＤのバッテリー切れである。日本では現在でもＡＥＤのバッテリーチェックを毎日行う、そうした設定のＡＥＤが普及しているためバッテリーの消耗が激しく、実際に電気ショックをかける際に作動しないおそれがある。

海外での現在のバッテリーチェックは1週間に1度である。電池の性能が向上し、ＡＥＤの寿命も延ばすことができるようになった。世界で最も普及しているＡＥＤは「ZOLL AED Plus」（旭化成ゾールメディカル）だが、バッテリーは5年間交換不要のリチウム乾電池だ。

しかもコンビニエンスストアでも買えるほど普及している一般のリチウム乾電池「１

２３Ａ」であるため、電池切れの心配がない。筆者はアメリカ、ヨルダン、フランス、南アフリカ共和国での防衛展示会でこのＡＥＤを目にしたが、世界中の軍隊で採用されている理由はこうした電源の補完機能にもあると思われる。普及は進んだものの、ＡＥＤが放置状態になってしまうのは、日本の心肺脳蘇生法の普及教育と関連しているためではないか。

心肺脳蘇生法は聖書の時代から知られているが、確立されたのは60年代のアメリカでのことだ。その後、１９９２年、欧州蘇生協議会（ＥＲＣ）の英国シンポジウムで、42カ国参加の下、国際蘇生連絡協議会（ＩＬＣＯＲ）が設立された。以降、前述のガイドラインは２０２０年までは5年に1度更新され、現在は毎年更新されており、２０２１年版が最新だ。

日本がＩＬＣＯＲに加盟したのは２００６年だから、「ＣｏＳＴＲ２０１０」は日本が最初に取り入れた国際ガイドラインだった。２０１０年から数年間は国際ガイドライン導入に合わせてＡＥＤの普及や教育も熱心に行われたが、以降、「ＣｏＳＴＲ２０１５」への更新は積極的に行われていないのではないか。

筆者は２０１７年９月からの半年間に13カ国で１０００人近い在外邦人に心肺脳蘇生法、ＡＥＤ使用法教育を行ってきたが、「ＣｏＳＴＲ２０１５」または「救急蘇生法の指針２０１５」に基づいた教育を受けた人は20人程度だった。

アメリカでは２０１５年以降、一般市民は「Bystander（居合わせた人）」ではなく「Immediate Responder（即時救命者）」の位置付けだ。また、一定時間、子どもを預かる教員などは「Professional First Responder」であり「First Responder」よりも進化した。イスラエルでは国民全員が「First Responder」である。それが「救命責任者」を意味することが、その実態をよく表している。

日本で、「First Responder」の訳語として「第一救助者」「一定頻度者」が用いられている現状では、世界の救命についての意識に追いついているとは言えない。

■熱中症にＡＥＤは有効なのか

心臓の疾患、感電、低体温、溺水や生き埋めによる窒息などを原因とした「非外傷性心肺停止」と、外傷による出血を原因とする「外傷性心肺停止」では、救命の考え方もアプローチも真逆と言えるほど異なる。それにもかかわらず、日本での「救命」の取り組みは、主に非外傷性心肺停止を対象として行われており、外傷性心肺停止への取り組みはほとんどなされていない。

この現状では、銃創、爆傷、刃物による致命的な外傷を多発させるテロにおいて、最大救命はほとんど期待できない。

ピントのずれた救急法教育が行われてしまうのは、日本では「救命」と言えば「胸骨圧迫、人工呼吸、ＡＥＤ」に対して主に焦点が合っているためではないか。

ここで人体の循環器系の機能である、pump＝心臓の状態、tank＝循環血液量、pipe＝血管の状態に基づき、対応法が真逆である非外傷性、外傷性のどちらの心肺停止状態に対しても正しく救命を行えるようになる知識と技術について述べたい。

まず日本では、ＡＥＤに対して、過剰な期待と勘違いが広まっているように感じる。

２００８年６月８日に発生した東京・秋葉原で７人が死亡した通り魔事件でも、２０１１年３月11日に発災した東日本大震災でも、「ＡＥＤがあればもう何人か救命できたかもしれない」という根拠のない話が世間を駆け巡った。

第二章で見た、2023年6月14日の岐阜自衛官銃乱射事件でもAEDへの認識の誤りが見られた。

また、夏が近くなれば熱中症による心停止にもAEDが効果があるかのような噂が流れる。熱中症による心肺停止状態の蘇生法教育も、熱心に行われている。これらはAEDを売り込むために流布されている根拠のないものであり、AEDの役割と身体の循環機能に基づいて正しく判断しなければならない。

熱中症による心肺停止は外傷性心肺停止と似た原因であることが多く、胸骨圧迫や人工呼吸、AEDによる蘇生が成功しても社会復帰率は、良くても2~3%であろう。熱中症では外傷同様、心肺停止状態に陥らせないためのアプローチこそが重要となる。

心停止にはさまざまな原因があるが、AEDとは「除細動器」であるから、それが適応となるのは、まだ心臓が動いている心室細動と無脈性心室頻拍の2例のみである。心室細動とは、心室の筋肉が震えている、または痙攣していることにより心臓のポンプ機能が停止している状態である。

一方、無脈性心室頻拍とは、心臓が収縮する命令系統に異常が発生し、心拍数が通常の2～3倍近く早くなってしまい、全身に血液が行き渡らなくなる状態だ。心臓に血液が流れ込まなくなると心臓は動きを止め（心停止）、再び血流が再開すると心臓は動き出す。心臓の手術はこうして行われている。出血で血液がなくなれば心臓に流れ込む血液もなくなる。

ＡＥＤが有効な症例はむしろ限定的であり、心肺脳蘇生の基本はやはり、心停止が疑わしければ、1秒でも早く胸骨圧迫を開始することである。しかも強く早く絶え間なく継続しなければならない。

また、ＡＥＤの準備ができるまでの間に胸骨圧迫により心臓にエネルギーを送り込んでおいたほうがＡＥＤの効果も高まる。筋肉が痙攣している心臓を外から押して血液を送り出すためには相当な力を要するため、1人ではとても継続できない。強く早く絶え間なく胸骨圧迫を続けるためには、中断時間を最少にして交代して行うことが重要である。

心停止に対して正しく対処するためには、前述のとおり人体の循環器系の機能、心臓の状態、循環血液量、血管の状態に基づかなければならない。秋葉原通り魔事件のような、外傷による心停止では、血管が損傷することで、循環血液量が失われることにより心臓が停止しているので、心肺蘇生を行っても社会復帰率は1％に満たない。当然ながらＡＥＤの適用外だ。致命的外傷を負った場合、心停止に陥る前に止血を行わなければならない。

■ＡＥＤ神話からの脱却を

東日本大震災のような津波災害により冷水に浸かることによる心停止では、血管にも循環血液量にも異常がなく、心臓のみに問題があるので、心肺蘇生が効果を発揮する。しかし、低体温状態ではＡＥＤは有効に機能しないので、腋の下や鼠径部のような動脈が表皮に近い部位に湯たんぽを当てるなど、正常体温へと温めながらの胸骨圧迫の継続が重要である。

このように心停止への対応には、非外傷性心肺停止状態からの救命である心肺停止状態からスタートするアプローチと、致命的な大出血からの救命である心肺停止状態に陥らせないためにあらゆる努力をするアプローチがある。それらの方向は真逆であるから、これらは明確に区分し体系化することで市民に普及しなければならない。現実に海外では、ＡＥＤの設置は緑色で表示され、止血用資材の設置は血を表す赤色で表示され、区別され始めている。（１８４ページ図４－３参照）

熱中症による心肺停止は外傷によるものに原因が似ている。体温を下げるため、血液中の水分まで動員して汗をつくるため、血管に損傷がなくても循環血液量が足りない状態となって、心臓が停止してしまう。外傷同様、熱中症では心停止に陥る前に水分補給を行い、体温調節機能を維持しなければならない。心停止が疑われる場合は、ためらうことなく直ちに胸骨圧迫を開始すべきである。

図5-3　AED電極の貼り付け位置

AEDの電極は電流が心臓を貫くように貼る

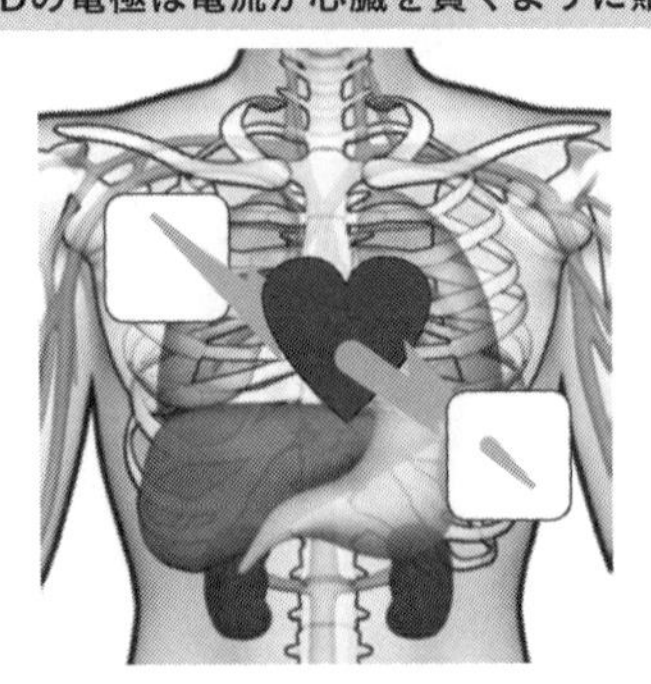

成人と小児のAED電極貼付位置の違い

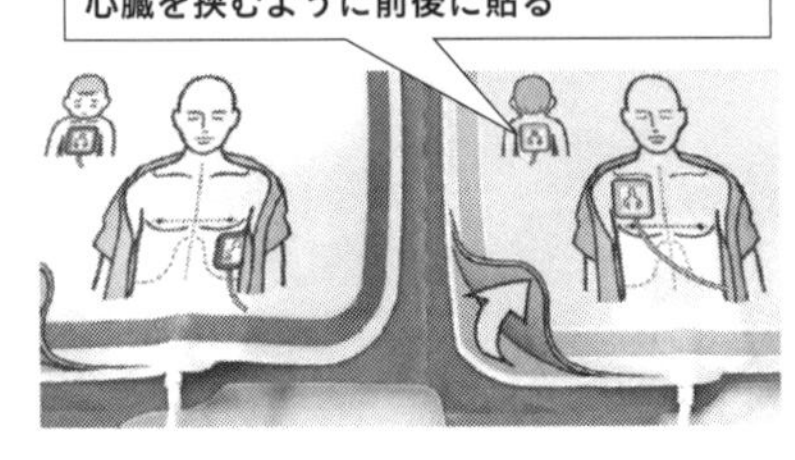

コロナ禍により用手人工呼吸である「修正シルベスター法」が行われるようになった。防護マスクを着用していても行える方法だ。

呼吸の有無を確認できない場合でも胸骨圧迫を始めてしまう。脳への血流中断を避けることが最も重要である。血流さえ維持されていれば、すでに身体に取り込んでいる酸素を脳へと供給し、時間を稼ぐことができるためだ。

ＡＥＤが有効な場合の使用法は、電極パッドを図５-３のように電流が心臓を貫くように貼ることが基本である。胸毛が濃い男性や乳房の大きい女性に貼る場合は左右に、小児の場合は前後に貼る。いずれも、電極が心臓を挟んでいることを心がける。体表に電気を通しやすいものがある場合は２〜３センチ離して貼ればいい。

日本では病気、感電、溺水、低体温、生き埋めによる窒息などによる非外傷性心肺停止状態の救命、心肺脳蘇生法とＡＥＤの使用法の教育に熱心だ。その一方で、アメリカの「ストップ・ザ・ブリード（Stop the Bleed）」キャンペーンのような致命的な大出血からの救命教育や資材整備がほとんどなされていない。世界から見れば、日本での市民による救命の取り組みは、半分が抜け落ちている状態と言える。

早期に「ＡＥＤ神話」の弊害から脱却し、救命止血法の普及に努めなければならない。

■救命は「道具8割、段取り8分」

アメリカでは２０１５年以降、一般市民は「Bystander（バイスタンダー）」ではなく、「Immediate Responder」（即時救命者）の位置付けであることは前にも述べた。また、「First Responder」（救命責任者）は、「Professional First Responder」（職務としての救命責任者）に進化した。イスラエルは国民全員がFirst Responderである。日本でも、図５－４「除細動を救急隊が行った場合と、市民が行った場合の１カ月後社会復帰率」のとおり、市民が即座に除細動を行ったほうが救急隊が到着してからよりも2倍以上、社会復帰率が高い。２０２１年には3倍にまで向上した。

救命は「道具８割、段取り８分」と言われる。道具はＡＥＤや既製品の止血帯などの優れた器具と、それらの街頭への設置、「段取り」は教育の普及だ。海外では電気ショックまで自動で行うなど日本よりも進んだ機能がＡＥＤに搭載されている。心停止症例でＡＥＤによる電気ショックが適用となる割合は50％とされる。

AEDは本来、大きく拍動して全身に血液を送り出す心臓が、心室細動などで細かく動いてしまう痙攣の状態を取り除くための道具だ。適用外である心静止（心臓の完全な停止）や、心臓のポンプ機能を補い血液循環を維持し救命や後遺症を抑制するには、心臓を外部から圧迫する適正な胸骨圧迫が不可欠だ。それは全ての心停止傷病者に対して

図5-4　救命の可能性と時間経過

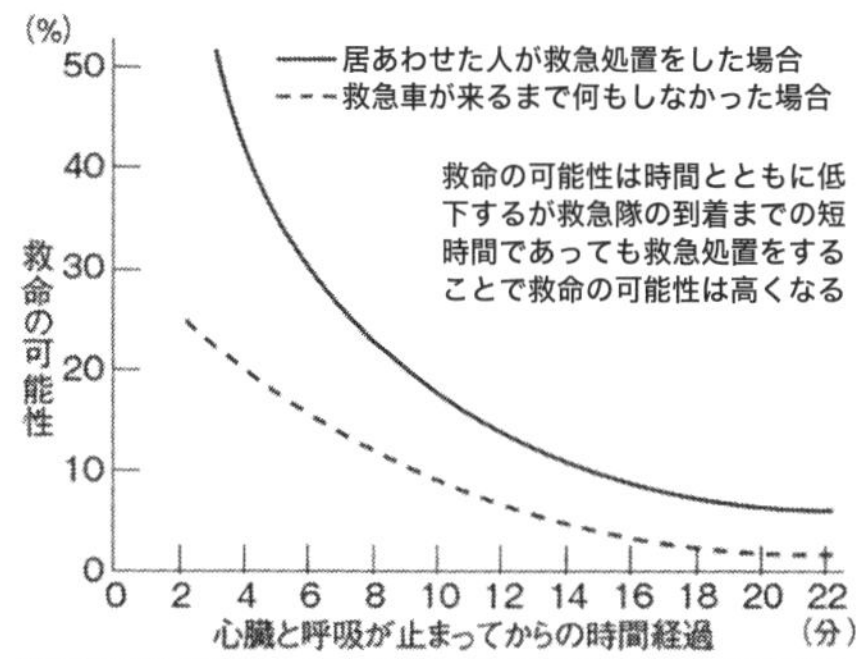

Holmberg M et al. Effect of bystander cardiopulmonary resuscitation in out-of-hospital cardiac arrest patients in Sweden. Resuscitation 47:59-70, 2000. より、一部改変して引用

除細動を救急隊が行った場合と市民が行った場合の1ヵ月後社会復帰率

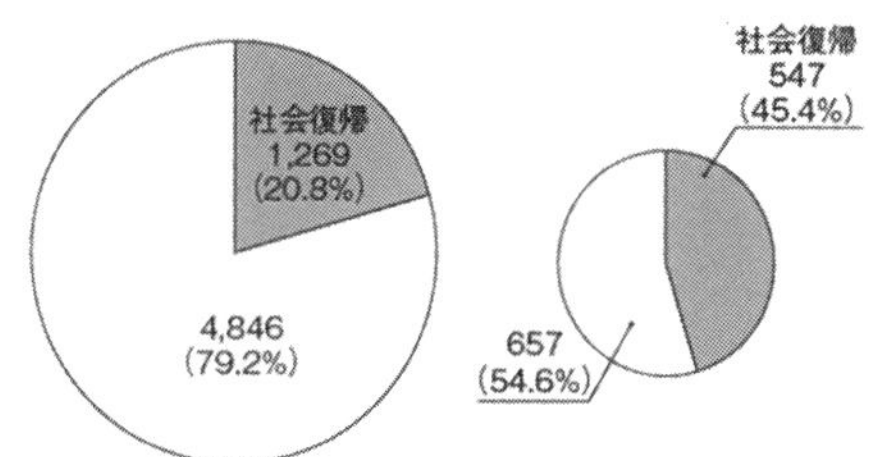

総務省消防庁　「救急・救助の現況」2017年度版より

図5-5　場所別心停止発生割合

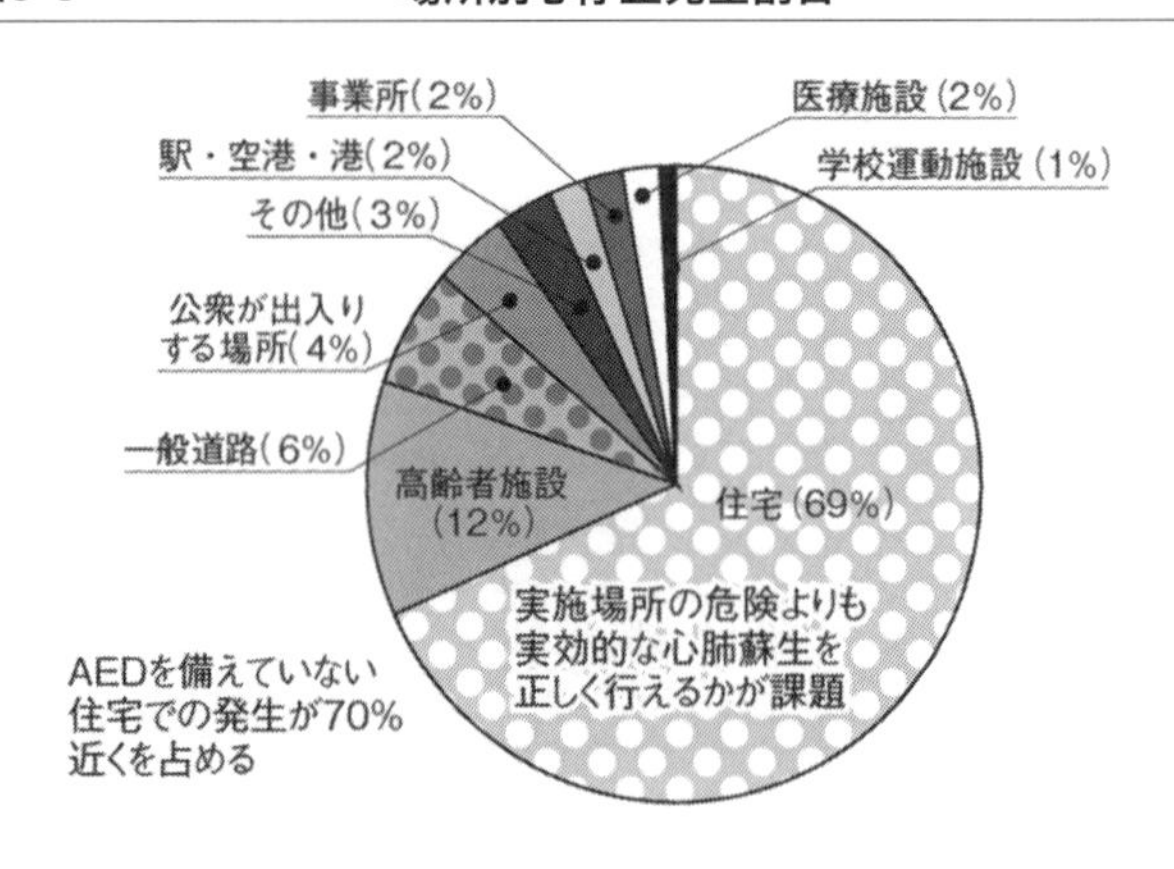

実施しなければならない。

そのため世界のＡＥＤは胸骨圧迫のサポートに踏み込んでいる。図５－５「場所別心停止発生割合」のとおり、日本での心停止は住宅での発生が70％近くを占め、ここに心肺脳蘇生の大きな落とし穴がある。

柔らかい布団やベッドの上で胸骨圧迫をしてしまうが故に、胸骨を押しても傷病者の胸部が沈んでしまい、心臓が圧迫されていないことがしばしば見られる。心肺脳蘇生の普及教育では実施場所の安全確認が強調されるが、住宅内に危険はほとんどない。

だから、実施場所の危険よりも実効的な心肺脳蘇生を正しく行える場所なのか、背面が沈んでしまうおそれがないのか、「その場所で心肺脳蘇生を行っていいのか」を判断させる教育が必要だ。当然ながら、一般家庭にＡＥＤは備えられていないから、家族による胸骨圧迫が救命の鍵となる。

圧迫で胸骨や肋骨が折れてしまう原因は、正しい位置・方向で圧迫していないことにある。筋肉の塊である心臓が痙攣しているのだから、それを外部から圧迫するには50キロ相当の力が必要であり、胸骨・肋骨が折れるリスクは避けられない。

だが、正しく正面から圧迫をかけられる場合は人間の胸郭は相当に丈夫で、適正な胸骨圧迫はリスク回避にも有効である。前述の「ZOLL AED Plus」には、胸骨圧迫を適正なレベルに誘導する胸骨圧迫ヘルプ機能が搭載されている。左右のパッドを連結する部分にある十字の印がある所に胸骨圧迫センサーがあり、胸骨圧迫の強さ、深さ、速さを検出し、音声ガイダンスとディスプレイ表示により、リアルタイムで胸骨圧迫従事者を質の高い胸骨圧迫へと導く、大変有効な能力を備えている。使用時はまず胸骨圧迫センサーを胸骨の真上に置けば、自動的に適正位置にパッドが貼り付けられる。

ＡＥＤ使用時に失敗しがちなパッドを貼る位置を間違えるミスを回避するようにつく

図5-6　日本の心肺脳蘇生ガイドライン制定と教育

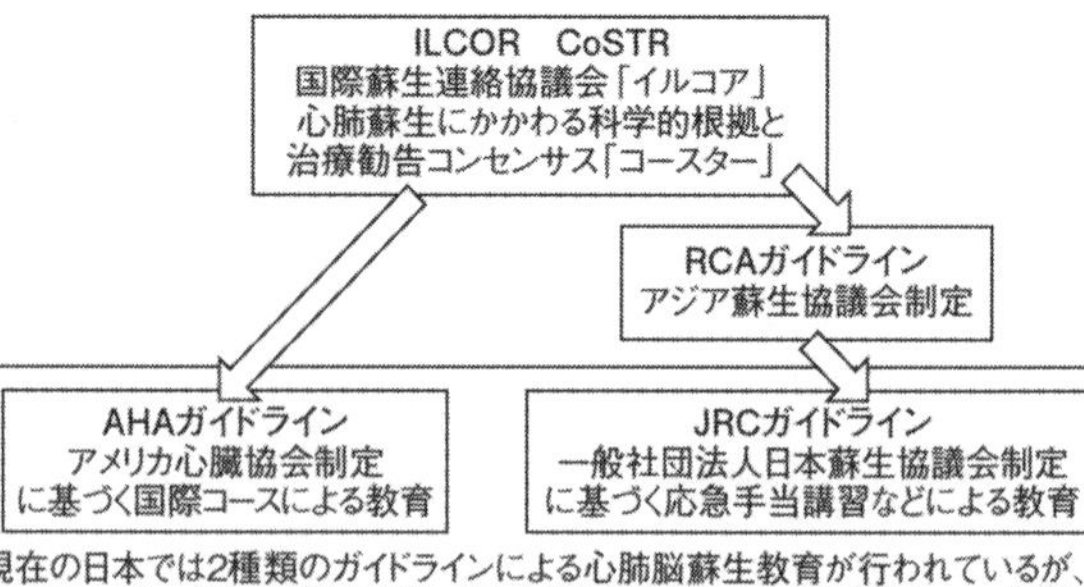

られている。胸骨圧迫とパッド貼り付けを間違えなければ、市民が行う心肺脳蘇生で、重大な過失はほぼ完全に回避できる。左右の連結されたパッドは小児への使用時など必要に応じて切り離すこともでき、応用も利くように設計されている。

図5－6「日本の心肺脳蘇生ガイドライン制定と教育」にあるように、現在の日本では2種類のガイドラインによる教育が行われているが、どちらも大もとは同じであるので大差はない。

重要なのは心肺停止状態を直ちに判断して1秒でも早く心肺脳蘇生を開始することである。それぞれの違いを図5－7「BLSガイドライン（AHAとJRCの違い）」にまとめた。

アメリカではモルヒネ、ヘロイン、フェンタニル

図5-7　BLSガイドライン　AHAとJRCの違い

ガイドライン	AHA 2015	JRC 2015	備考
心停止の認識	心停止を認識するため呼吸と脈拍を確認 脈拍は最低5秒以上かけて10秒以内に確認する 成人は頸動脈 小児は頸動脈または大腿動脈 乳児は上腕動脈で確認	市民救助者の場合熟練していれば脈拍の触知は試みてもよいが必須ではない	AHA 脈拍をしっかり確認するのは、「オピオイド中毒」オピウム(アヘン)類縁物質による中毒による呼吸停止」がアメリカでは重要視されているため。オピオイド中毒は呼吸だけが停止している場合があり、脈拍触知により循環状態が保たれていることが明らかであれば、人工呼吸だけで救命可能 JRC CPRに熟練した医療従事者が心停止を判断する際には呼吸の確認と同時に頸動脈の脈拍を確認することがあるが、市民救助者の場合その必要はない。経験豊富な医療従事者であっても、脈拍の触知に正確性はない。 日本ではオピオイド中毒による呼吸停止は比較的稀で、呼吸だけが止まる症例は僅少であるから「呼吸停止であれば心拍もない」と判断するのが合理的である
胸骨圧迫の深さ	成人における胸骨圧迫の深さは少なくても5cmで、6cmを超えないこと 目標値は5-6cm	深さは約5cmで、6cmを超えないこと	JRCでは胸骨圧迫の深さが4.56cmでもっとも予後がよかったという論文を参考にしている
小児・乳児の胸骨圧迫の深さ	小児は 胸郭の1/3(約5cm) 乳児は 胸郭の1/3(約4cm)	胸郭の1/3	アジア人は体格が小さく、小児の胸郭の1/3は3.6cm-4.7cmに相当するので、5cmでは深すぎるおそれがある
AEDの小児用パッドの適応	1歳以上8歳未満には小児用パッドを推奨	未就学児(およそ6歳以下)に小児用パッドを推奨	JRCでは7歳の子どもには成人用のパッドを貼る。 小児用パッドがない場合に成人用パッドを貼ることは許容されている。 小児用パッドの代用として成人用パッドを貼ることについて、大きな副反応は報告されていないため、AHAとJRCの差は問題ないと考えられている。
小児が倒れており目撃者がなく応援が望めないケース	救助者が一人で、他に助けが得られず、子どもが心停止で、目撃者がない場合は、まずCPRを2分間実施	いかなる状況であっても救急通報を最優先で行う	「救助者が一人で、他に助けが得られず、子どもが心停止で、目撃者がない状況」という特殊なケースを想定したAHAガイドラインは複雑で難解。 JRCの方がシンプル。

などによるオピオイド中毒により呼吸だけが停止することがある。2017年にアメリカは公衆衛生上の非常事態「オピオイド危機」を宣言した。日本も薬物中毒が蔓延した際に同様のことが起こるかもしれないので、今からの備えが必要だ。

■「その時」何をすればいいのかの「約束事」とは

その他、危険な状況下で負傷者が発生し生命の危機に瀕するとき、即応すべき事項を漏れなく、適切に重要なものから順番に迅速に実行するための〝約束事〟を、アメリカで誰もが記憶しやすいようにまとめたのが「Call-A-CAB-N-Go-Hot（コール・エー・キャビン・ゴー・ホット）」だ。

●Ｃａｌｌ＝周知

負傷者が発生したことの周知。手信号、音声、無線などを駆使し、部隊全員に何が起きていて、どこに脅威があるのかを周知する。これが最初にあるのは、戦闘中は負傷者の発生に気付きにくいからだ。重傷者ほど気付かれにくく、時間が経過し死亡してしまう。情報が伝わらなければ、さらに負傷者が増えることになる。

戦闘の場面では、Ｃａｌｌがあった場合、部隊は別命なく3つの機能に分かれる。「戦闘を継続する組」「救出・救助・救護を行う組」「戦死者に対応する組」だ。テロリストや犯罪者に負傷者発生が悟られると攻撃は激しくなるため、戦闘を継続する組は直ちに反撃し、相手を制圧するとともに、負傷者発生を欺瞞する。

前進して反撃することは安全空間をつくり出すことでもある。救出・救助・救護を行う組は、応援の担架班に負傷者を引き継ぎ、戦闘に復帰する。

戦死者に対応する組は戦死者から防弾ベストやヘルメットを取り除く（見た目にも戦

死者と判別できるため「死者のサイン」と言われる)。武器・弾薬も回収し、遺体を安置したら戦闘に復帰する。なお、取り除いた防弾ベストを動けない負傷者に掛けるなどして防護力を高める。戦死者・負傷者から回収した弾薬は部隊内で再配分するが、弾薬の消耗が激しい戦闘を継続する組に優先的に補給する。

●A (Abolish threats before giving medical care) =あらゆる脅威の排除

救出・救助・救護を行う前に、2次被害を防ぐ目的で以下のような脅威を排除する。14点羅列する。

①銃撃による脅威:テロリストや犯罪者から自分の姿が見えないようにする。銃弾を貫通させない掩蔽物を活用するなど。

②不必要な救助に伴う脅威:負傷者の発生はそこに脅威が存在することを示す。離れた場所から負傷者を評価し、段取りを決める。

③さらなる銃撃を招く脅威:負傷者を救出する味方の援護、掩蔽物の利用などの効果が、救出に伴うリスクを上回らない時は負傷者に近づいてはいけない。

④2次爆発の脅威:爆発は一度とは限らない。周囲の不自然な箱やバッグ、車両などを

調べる。
⑤負傷者からの感染の脅威：感染防止のためゴーグル、マスク、手袋など個人防護具を適切に着用。
⑥危険物による脅威：生物・化学剤や放射性物質による汚染防護。
⑦罪のない人による脅威：注意なしにシビリアン・エイド（市民への救護）を提供してはならない。事件に巻き込まれた市民でも、完全に無害であることがわかるまでは、危険な人物として取り扱う。負傷者は生存本能から攻撃的になる傾向がある。
⑧武器による脅威：発見された銃器や爆発物が衝撃で暴発するおそれがないか、ナイフなどが危険な状態にないか、注意深く観察する。
⑨負傷者の武器による脅威：負傷した警察官がショック状態だったり、ショック状態に進展しそうな場合は、生存本能から攻撃的になることがあるので救急処置を行う前に警察官のあらゆる武器を取り除く。
⑩回収武器による脅威：負傷した警察官のものであれ、テロリストや犯罪者から取り上げた武器であれ、管理者の手を離れた武器は確実に発射できない状態にする。

⑪不完全な検索による脅威：凶器の検索が自分の目の前で行われていない負傷者は、脅威が取り除かれていないものとして取り扱う。

⑫検索の困難さによる脅威：テロリストや犯罪者を拘束できたならば、隠し持った武器、特に検索困難な女性の胸部や鼠径部に隠匿された武器を警戒する。金属探知機を用いて確実に検索する。

⑬野次馬による脅威：テロリストや犯罪者は野次馬に紛れて逃走しようとする。変装も十分に考えられる。不審な人物が周囲にいたら警戒を怠らず、監視・報告する。

⑭仕掛け爆弾・秘匿された武器による脅威：動けなくなり発語もできない負傷者や遺体に爆発物が仕掛けられていることがある。

●CAB（Circulation, followed by Airway and Breathing）＝血液循環・気道・呼吸

脅威を取り除いてから生理学的評価を開始する。循環の状態は脈拍、皮膚そして呼吸から評価する。気道は負傷者の声・呼吸音を注意深く聴くことで評価できる。会話ができるなら気道は開通している。意識があっても発語ができない負傷者は重度の気道閉塞の可能性が高い。

意識がないとき、ゴロゴロとした音やいびき、泡立ち音が呼吸音に含まれるなら気道が閉塞している。重度の場合は呼吸音そのものが減弱し、消失する。

●N（Neurologic status check）＝神経系

意識状態と麻痺の有無を迅速に評価する。負傷者に意識がある場合は意識レベルを、そして四肢の感覚と運動を評価して脊髄損傷の可能性がないかチェックする。意識がない場合は瞳孔を観察する。

●Go（Go to the appropriate advanced medical facility）＝適切な高次医療機関への搬送

現場でできることは限られており、時間の経過に伴い負傷者の救命の可能性は低下していく。現場では最低限必要な評価と安定化処置をするにとどめ、適切な高次医療機関へと移動させる。

●Hot＝保温する・頭部外傷・低いものへの対処

低体温は、止血に重要な働きをする血小板機能を低下させる。戦場での戦闘外傷により死亡した負傷者の約8割が深部体温34度であったという報告がある。出血により血液を失うと、恒温状態を保てなくなり急激に体温が下がる。一度冷えた身体を温めるにはかなりの労力を要するため、受傷直後から体温を下げないよう保温に努める。
Hは保温の他にHead injury（頭部外傷）の悪化防止、および、Hypothermia（低体温）、Hypotension（低血圧）、Hypoxia（低酸素）など「低いもの」すべてへの対処の頭文字になっている。

■災害時に命を守る「情報」の取得法

災害時にも、市民ができることはいくつもある。ここでは「傷病者」を「医師の診断を受け治療を受ける以前の者」、「患者」を「治療中の者」と分類して記述することにする。大規模災害、大規模テロなど、多数の傷病者が同時に多発する事態では「最も深刻な場所ほど情報が入らない」ことに留意しなければならない。

被害が深刻なほど、行政機能は崩壊し、通信が途絶し、現場の状況を伝えられる人がいなくなるからだ。このため「情報を獲得しに行く姿勢」が最重要であり、静かな場所ほど優先して情報収集隊を派遣しなければならない。

DMAT（災害派遣医療チーム）は日本でも2005年に発足し、当初の300人程度から2014年には9000人に増え、平時の医療体制が破綻した際、最大多数の最大救命を実現するための重要な役割を担う。だが、発災時に迅速に有効に運用するには課題が多い。

そこで、大規模災害時に被災現場の医療ニーズを速やかに把握する派遣医療チームとして「Strike-DMAT」の整備が各国で進められている。

Strike-DMATとは、危険への対応能力、生活インフラが破綻した地域での自活能力、トリアージ技術、通信技術のための専門的訓練を受けた医師、歯科医師、看護師、コメディカル、専門技術者からなるチームであり、被災現場に真っ先に投入され、災害対策本部に医療の専門分野の情報を伝達し、最大多数の救命及び救出・救助に必要となる見積もりのための基礎情報を提供することを担う災害医療「先遣」チームのことだ。

■災害対応に重要な「PPS」

防災・減災対応の極めて重要な考え方は「PPS」であり、これは防災でも軍事でも共通している。

・**Protect**＝防護・予防
・**Project**＝救護・治療能力の投入
・**Sustain**＝生命の維持・部隊力の維持

予防に勝る治療がないことは平時でも共通することだが、注目すべきは「投入」の考え方だ。被災地域の中から迅速に救急医療を必要とする場所を掌握し、適切な単位の医療チームを投入していく。

こうすることで最大多数の生命を維持できる。当然ながら、Strike-DMATチームが活動し続けるための補給や要員交代などの支援体制も不可欠であり、要員育成のみならず、制度整備が必須と言える。重症負傷者10人に対し、トリアージ訓練を受けた歯科医師（DER＝Dental Emergency Responder）、看護師、コメディカルのいずれかが1人、通信機能1単位が基準だ。医科医師はチーム全体の指揮者となり、治療を必要とする場合のみ必要最小限の介入を行う。

多数傷病者が発生した場合、誰もがわれ先に治療を受けようと医療機関に殺到するものだが、第二章、第四章で述べたように、平時の医療体制は10人単位の重症外傷者が発

図5-8　大規模災害時のStrike-DMAT、軍のMEDICによる多数傷病者への対応法

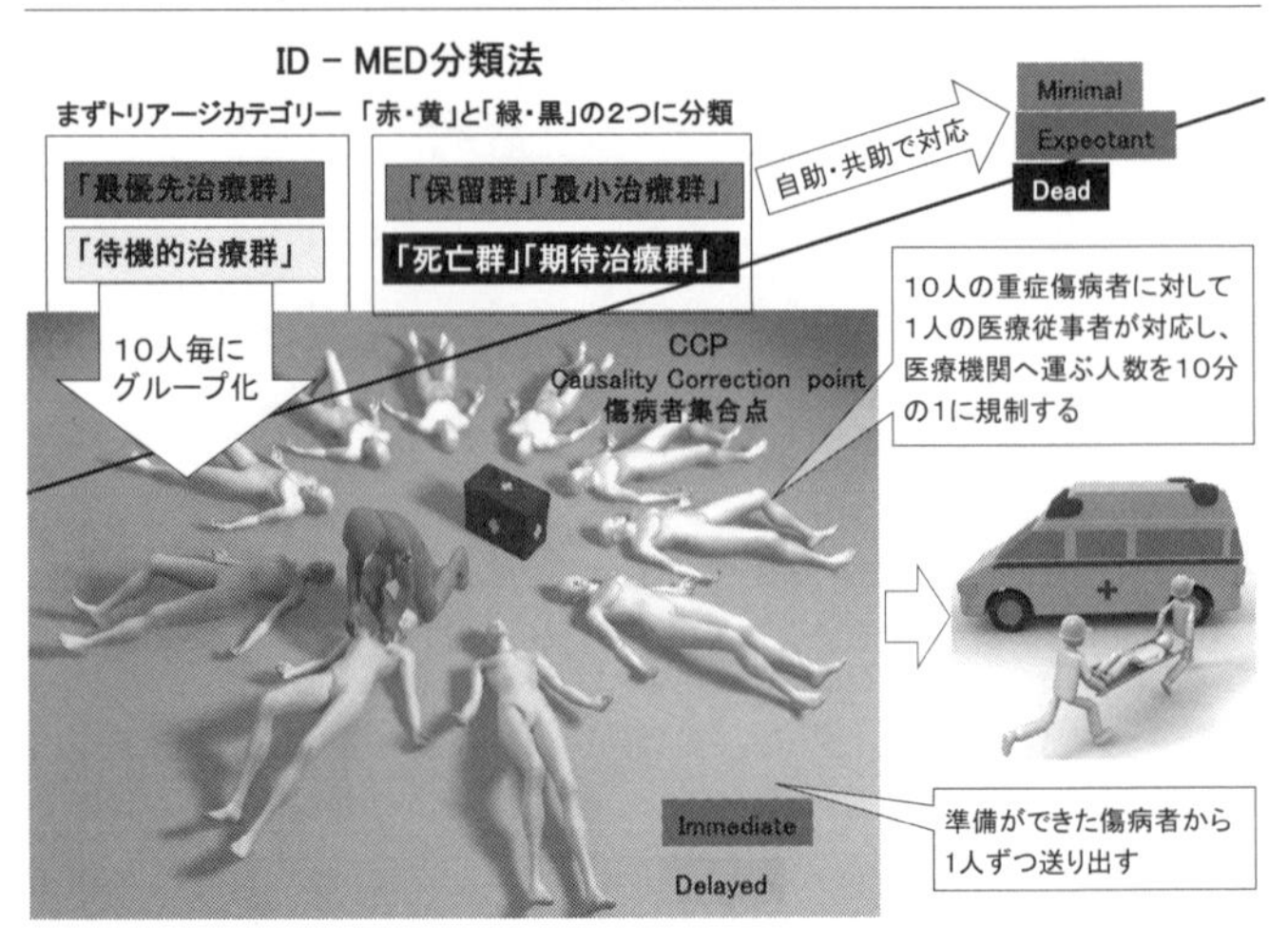

生した時点で破綻してしまう。そこで、図5－8のように多数傷病者をまず、トリアージカテゴリー赤（最優先治療群）と黄（待機的治療群）とそうでない者に大雑把に分ける。「赤と黄」の傷病者を、トリアージ訓練を受けたコメディカルなど1人を中心に頭部を向けて馬蹄型（Uの字）に配置する。

馬蹄型に並べられた傷病者のうち容態が不安定な者、緊急を要する者を優先的に1人ずつ抽出して医療機関に送り出すことで、同時に対応しなければならない多数負傷者を10分の1に規制することが可能だ。同時に発生した負傷者を現場で

図5-9　同時多発した多数傷病者への対応手順

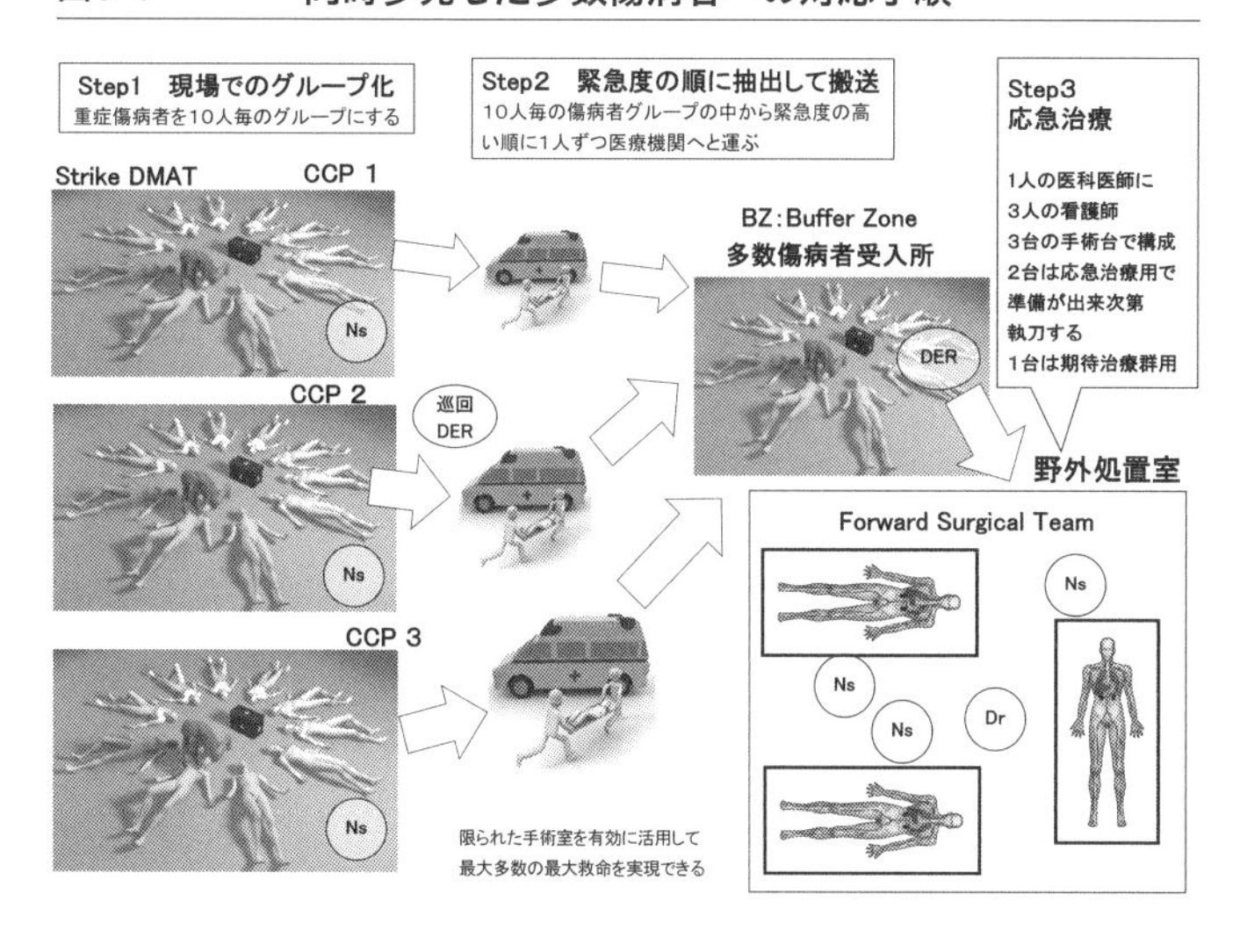

10分の1に制限できれば、図5－9のように搬送手段と治療能力を有効に活用できるようになる。

自然災害やテロ、戦争は多数の傷病者を発生させるが、患者の治療は1人ずつ行うしかなく、しかもチームで対応しなければならない。治療能力を最大限に発揮するためには医師が治療に専念できる体制を整備することに尽きる。被災現場で馬蹄型に行うトリアージでは赤と黄の区別はしない。

傷病者の容態は動的に変化、赤と黄の区分は目まぐるしく入れ替わるためだ。トリアージはSALT法が用いられる。

ＳＡＬＴ法とは、

- **Sort** ＝順番をつける
- **Assess** ＝評価する
- **Life-saving intervention** ＝救命のための介入
- **Treatment and/or Transport** ＝治療または搬送

であり、多数傷病者に対応するもので、アメリカでは災害時のトリアージ法はＳＡＬＴ法に統一されている。

10人１単位に集められた傷病者を１人のコメディカルなどが効率よく継続観察するために、傷病者は馬蹄型に並べられる。その中で救命のための介入が必要な場合は、各トリアージグループを巡回するStrike-DMATの医科医師や歯科医師（ＤＥＲ）が対応することで、治療を受けられる順番を待てるよう容態の安定化がなされる。

こうすることで、多数の傷病者を効率よく、漏れなく救命することが実現される。

■生き残るのは、最後は「自分の力」

発災直後にすべきことは、①Strike-DMATの派遣による情報の獲得、②被災現地での治療施設展開場所の選定と支援体制の確立、③参集するDMAT隊を予備力として掌握し、必要とする場所へ迅速かつ柔軟に投入、となる。まず情報の収集が必要だ。医療資源は限られ、有効に活用するためには状況の掌握と見積もりが必須だが、同時に生命の維持も図らなければならない。

次に、被災地のどこに拠点を設けるかが重要だ。拠点は多数の重症負傷者を受け入れ、生命を維持し順序よく医療機関へと送り出すバッファーゾーン（緩衝機能）を担うと同時に補給拠点となる。軽視しがちだが、予備力の維持も欠かせない。状況は動的に変化するものであり、Strike-DMATが報告してくる10人1単位の重症者に即時投入できるよう予備力は常に維持しなければならない。

災害派遣活動を行う消防・警察・軍は被災現場での救護を担う最前線の役割を担うようになった。そこで自身のための個人用救急品に加え、救護を提供するための救急品EM（Elementary Module）として、もう1組の外傷対応衛生資材を携行するようになっている。重症傷病者が発生したならば、10人1単位で掌握して助けを呼ぶ。これは近隣住民自らでもできることだ。219ページのSABACAの考え方は、日本では「自助・共助・公助」と言われるが、公的な医療支援を受けるまでには相当な時間を要するものであるから、まず、自分自身または相互の努力で生き残らなければならない。

ここまで医療的戦術について海外の例と方法について紹介してきたが、陸自の方針は「10分1時間・陸自救命ドクトリン」であり、これは「受傷後10分以内の応急処置と1時間以内の外科手術を行うこと」を時間尺度として定めたものだ。読者は、これが「プラチナの10分、ゴールデン・アワー」の丸写しであること、現実的ではなく、時代遅れで最大多数の救命からは真逆の方向に向かうおそれがあることがわかるだろう。

2014年12月17日、陸自衛生学校にてこれを制定する会議には筆者も出席していたが、自衛隊の行動に適合する根拠があったわけではない。しかし尺度が決まってしまうと、作戦計画などもそれに沿うよう作成される。衛生支援は現実から乖離するようになり、救命率低下へと向かうことになった。「自衛隊医療」現場の最も深刻な問題である。

終章

世界に貢献できる日本の医療技術

■世界で最も求められている医療技術

ここまで、戦傷医療や有事医療の現状、負傷者発生から医療につなぐまでの救急処置について述べてきた。

終章では、さらに「その後」について触れたい。

戦傷病者数の尺度として、戦死者数の約3倍、手足を失うなど社会復帰が困難な負傷者が発生する。さらに負傷者数の3倍もの人が、PTSDなどの精神疾患により生活に支障を来すようになる。その年齢層の多くは働き盛りの国の屋台骨だ。

現実に、ウクライナの戦地から報道される映像からは、手足を失った負傷者が相当数に達していることがわかる。本書でも述べてきたように、戦傷病の治療では、生命は機能に、機能は外観に優先させるのが鉄則だ。

平時の医療であれば設備の整った環境で損傷した手足を丁寧に治療し温存することが可能だ。しかし戦場で、限られた医療資源を節用し、治療能力に比し傷病者数が圧倒的に多い状況では、救命のために患肢を切断せざるを得なくなる。生命は手足の機能に優先するのである。

図6-1　乃木式義手

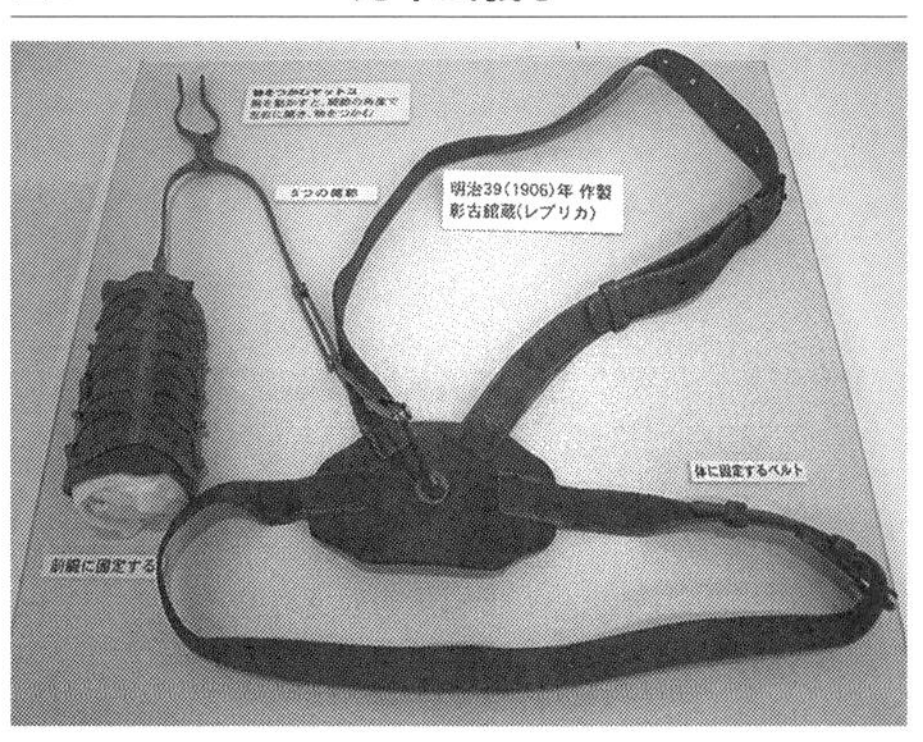

写真／戦傷病者史料館「しょうけい館」

手を失ったら、前腕を裂いて橈骨と尺骨を分離することで「指」とするクルッケンベルグ手術が行われることがある。「手という機能」は「前腕の外観」よりも優先されるためだ。

こうした状況から戦地で今、最も求められているもののひとつが「野整備義肢」だ。野整備とは専門の設備や技術者を必要とせずに現場で組立・調整ができる機能のことだ。安価で大量に短期間で揃えることも求められる。

脚を失っても義足があれば自分で歩くことができる。手を失っても義手があれば生活ができる。移動と作業ができれば社会と関わることができる。そこで機能が充実した義肢を装着できるまでのつなぎとしての野整備義肢が求められているのだ。

日本には義肢に関する優れた技術がある。図6-1は乃木希典陸軍大将が日露戦争での上肢切断者用に、ものを挟めるように改良した「乃木式義手」である。

乃木大将は、石黒忠悳軍医総監とは少尉以来の友人であったため、石黒総監が収集した資料を基に自ら図面を引き、製造には独特な拳銃の設計で有名な南部麒次郎砲兵少佐の協力を得て作業用能動義手を完成させた。

これは当時の世界では前例のないものであった。腕を失った傷痍軍人は乃木式義手により文字を書けるようになり、明治44年（1911）にはドイツのドレスデンで開催された万国衛生博覧会にて展示されるようになる。「乃木式義手」は作業用能動義手の手本となり、第一次世界大戦後のドイツでは乃木式義手と全く同じ構造の義手が製造され、腕を失った傷痍軍人の社会復帰に採用された。

乃木式義手のレプリカは戦傷病者史料館「しょうけい館」にて（図6－1）、実物は陸上自衛隊衛生学校医学情報史料室「彰古館」にて見ることができる。

■義肢がウクライナにもたらす効果

筆者はEurosatory2022（ユーロサトリ）の現地取材で、今でも乃木式義手の評価が高いことを知った。そこで筆者に寄せられた要望をもとに日本のウクライナ支援について提案したい。

ロシアによるウクライナへの軍事侵攻による戦死者は発表される最も多い数字で、ウクライナ軍2万3000人以上、ウクライナ市民2万2000人以上に上る。先述したように、ここから見積もられる義肢の需要は13万5000セット以上である。

しかし、本格的な義肢は高価で製造にも日数を要し、装着までの調整は1人ずつ行う必要がある。

肘から先、膝から先の義肢の価格は30万〜50万円、上腕部からの義手、大腿部からの義足であれば100万円を超えるため、安価で短期間に数を多く揃えられ、特殊な技術を必要としない、当面の間のつなぎとなる野整備義肢が必要とされている。

日本には優れた義肢装具メーカーがいくつもあり、義肢こそ日本ならではの支援ができる。（図6-2）

野整備義足によってウクライナを支援したのち、義足ができあがるまでの間、負傷者の患肢の機能をつなぐことができるため、労働力が維持されて復興支援に役立つ。外傷

図6-2　日本だけが行える野整備義肢によるウクライナ支援の提案

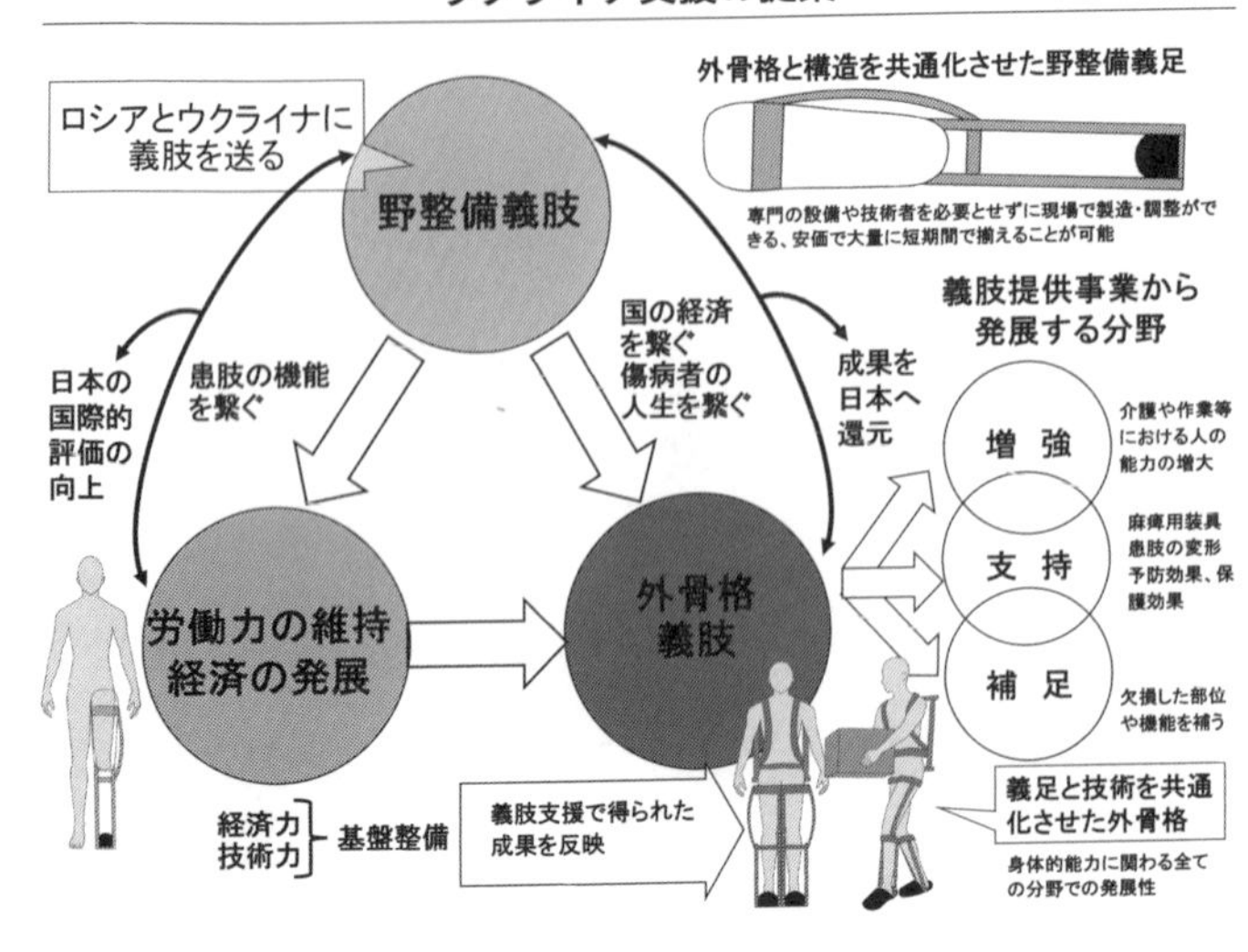

が塞がり次第、動けるようになることは「避難できる」「働いて生計を立てられるようになる」のと同じことだからだ。

これは傷病者の人生をつなぐことに役立つ。兵役年齢層は労働人口の中心そのものであるから、その社会復帰はウクライナの経済を支えることになる。それは日本の国際的評価の向上にもつながるものだ。

ウクライナに武器や弾薬を送る支援では、一部の産業は潤うが、国全体では望まない影響を招くおそれがある。支援は日本の国益に資するものであるべきだ。

その点で、２０２３年に政府が発表した「ウクライナ傷病兵の自衛隊中央病院受け入れ」は悪くない傾向ではあるが、受け入れ可能な人数は極めて少ない。加えて野整備義肢による支援を行えば、その実績による成果をさらに日本に還元することができる。

野整備義足は、治療が終われば生涯使用する義足に交代することになるが、長年使用する義足の形状をpowered exoskeleton（強化外骨格）と共通化することで、欠損した足とその機能を補う「補足」に加え、「支持」「増強」の身体的能力に関わるすべての分野での発展がもたらされる。それは日本でも求められているものだ。

日本がウクライナの戦傷病者を受け入れるのは、本書の第四章で見たＲｏｌｅの概念で言えば、４以降に相当する。受け入れにより戦傷病の理解が深まるかと言えば、あまり期待できない。特徴的な治療がすでになされてから日本に来るからだ。戦傷病の治療能力を高めるのであれば、Ｒｏｌｅ３レベルでの医療支援を行う必要がある。

しかし本書で述べてきたように、今の日本には医師や看護師を派遣できる余裕はないが、義肢であればそれを通じて、戦傷の実際を知ることができる。

■世界には義足を必要とする人が6500万人もいる

野整備義足を外骨格の構造としておけば、部品を共通化して、コストダウンが望める。義足で得られたノウハウを外骨格に反映させることができる。

外骨格構造は健常者の身体機能を「増強」することもできる。外骨格構造単独で動力を必要とせずに身体を支えられるため、重量物を背負っても身体に負担をかけることなく移動できる。軍隊で最も採用されているものがこの人力型powered exoskeletonであり、筆者もカナダ軍が採用しているものを実際に目にしたことがある。

日本の国土は70％が山地であるから、人力型外骨格の普及だけでも労働の分野でも大きな変化をもたらすことができる。

野整備義足は戦地に限らず世界中で必要とされている。その需要は平時から恒常的にあるもので、義足を必要とする患者数は世界中で約6500万人いるが、費用や技術の問題、義肢装具士の不足などで義足が装着できているのは、そのうちわずか5％である。

義足を必要とする患者は毎年150万人ずつ増えており、2050年には1億3000万人を超えるとの予測もある（ISPO：International Society for Prosthetics and

Orthotics　国際義肢装具学会による)。

子どもが対人地雷により足を失った場合、成長に合わせて義足を変えていく必要があるが、野整備義足であれば使用者自身で調整することができるため、将来の国を支える人材育成にも役立つ。筆者が義肢支援を提案するゆえんである。

このように野整備義肢による支援により得られるものは非常に大きく、日本の経済発展にも寄与できるものだ。日本は人と技術が資源であり、世界と関わらずには存続できない。そのためにウクライナを支援することは重要であるが、武器や弾薬を送らずとも日本ならではの方法で国益につながる世界一の支援を行うことができる事実は、もっと知られるべきではないだろうか。

照井資規（てるい もとき）
軍事・有事医療ジャーナリスト。1973年、愛知県出身。元陸上自衛隊幹部（衛生官）。陸自富士学校と衛生学校の2職種で研究員を務めた唯一の幹部自衛官。報道番組制作を経て2等陸士で自衛隊に入隊。陸曹までは普通科対戦車戦闘が専門。幹部になる際に衛生科に職種変換。在職中は戦闘と衛生支援の両方の視点から記事を執筆し陸自機関誌「FUJI」にて多くの表彰を受ける。2015年に退官後は、愛知医科大学（災害医学・医療安全）や琉球大学医学部（救急医学）にて非常勤講師。発破技士を取得し医療従事者に銃創・爆傷などの事態対処医療・CBRNeなどの特殊災害医療について教育。MOT（技術経営修士）を修学後は自衛官の就職援護教育にも力を入れている。著書に「イラストでまなぶ！戦闘外傷救護」（ホビージャパン）、共著に「弾丸が変える現代の戦い方」（二見龍氏と共著／誠文堂新光社）がある。
※自衛隊勤務歴は防衛省情報開示請求隊員個人2015年11月26日の第11番目による

このままでは「助けられる命」を救えない
「自衛隊医療」現場の真実

2023年9月20日初版発行

著　　者　照井資規
発 行 者　佐藤俊彦
発 行 所　株式会社ワニ・プラス
〒150-8482
東京都渋谷区恵比寿4-4-9 えびす大黒ビル7F
発 売 元　株式会社ワニブックス
〒150-8482
東京都渋谷区恵比寿4-4-9 えびす大黒ビル
ワニブックスHP　https://www.wani.co.jp
（お問い合わせはメールで受け付けております。
HPより「お問い合わせ」にお進みください）
※内容によりましてはお答えできない場合がございます。

企画・編集協力　梶原麻衣子
本 文 写 真　照井資規・見崎豪
図版内イラスト　森山ひろみ　益田はやと　FVアート有限組合
装　　丁　柏原宗績
ＤＴＰ制作　株式会社ビュロー平林
印刷・製本　中央精版印刷株式会社

Printed in Japan ISBN 978-4-8470-7343-4